*ZHUANLI DIANZI SHENQING*

*SHIYONG ZHINAN*

# 专利电子申请 使用指南

国家知识产权局专利局初审及流程管理部 著

知识产权出版社

全国百佳图书出版单位

**图书在版编目（CIP）数据**

专利电子申请使用指南/国家知识产权局专利局初审及流程管理部著. —北京：知识产权出版社，2015.1（2015.2 重印）（2015.5 重印）

ISBN 978 - 7 - 5130 - 2975 - 9

Ⅰ.①专… Ⅱ.①国… Ⅲ.①因特网—应用—专利申请—指南 Ⅳ.①G306.3 - 39

中国版本图书馆 CIP 数据核字（2014）第 208703 号

**内容提要**

本书结合专利电子申请的审查业务规则，全面介绍电子申请系统使用操作，辅以大量的实际操作详解；详细介绍了专利电子申请网站、电子申请客户端的功能使用，电子申请文件的制作、提交和电子发文的接收，以及电子申请用户注册、纸件申请转电子申请等业务的规则和办理方式。是国内第一本面向申请人和所有需要学习和了解专利电子申请的相关领域工作人员的专利电子申请系统权威教材。

**读者对象：** 专利申请人、专利代理人、审查员及其他相关工作人员。

| | |
|---|---|
| **责任编辑：** 王 欣 龚 卫 | **责任校对：** 董志英 |
| **封面设计：** 品序文化 | **责任出版：** 刘译文 |

## 专利电子申请使用指南

ZHUANLI DIANZI SHENQING SHIYONG ZHINAN

国家知识产权局专利局初审及流程管理部　著

| | | | |
|---|---|---|---|
| **出版发行：** 知识产权出版社 有限责任公司 | | **网　址：** http：//www.ipph.cn | |
| **社　址：** 北京市海淀区马甸南村 1 号 | | **邮　编：** 100088 | |
| **责编电话：** 010 - 82000860 转 8120 | | **责编邮箱：** gongwei@cnipr.com | |
| **发行电话：** 010 - 82000860 转 8101/8102 | | **发行传真：** 010 - 82000893/82005070/82000270 | |
| **印　刷：** 北京科信印刷有限公司 | | **经　销：** 各大网络书店、新华书店及相关专业书店 | |
| **开　本：** 720mm×1000mm　1/16 | | **印　张：** 16.5 | |
| **版　次：** 2015 年 1 月第 1 版 | | **印　次：** 2015 年 5 月第 3 次印刷 | |
| **字　数：** 283 千字 | | **定　价：** 50.00 元 | |

ISBN 978-7-5130-2975-9

# 前　言

专利电子申请，从曾经的一个构想到成为现实，从学习借鉴到逐渐成熟，实现了跨越式发展。专利电子申请伴随着我国专利事业的快速发展，已成为国家知识产权局在信息化建设中的一个缩影。

2004 年 3 月，国家知识产权局正式开通专利电子申请系统。作为一种新的专利申请形式，电子申请的应用依托于信息化系统，摆脱了浩繁的纸质文档，实现了专利的无纸化和代码化审查。无纸化审查进而推动了审批流程的优化，使审查程序并行处理、专利法律流程事务集中审查成为现实。电子申请具有的全天候服务、收发文件便捷、缩短审查周期、提高申请质量、低碳环保等诸多优势，已经成为广大申请人和社会公众的共识。

目前，电子申请已进入平稳发展阶段。国家知识产权局专利局初审及流程管理部作为负责电子申请工作的业务部门，组织了长期从事电子申请业务，熟悉电子申请系统的功能设计，具有丰富的系统使用经验的人员，精心编写了《专利电子申请使用指南》。

这是第一本面向申请人和所有需要学习和了解电子申请的专利领域工作人员的专利电子申请系统使用教材。本书结合电子申请的审查业务规则，对电子申请系统使用操作进行详尽说明，分章节介绍了电子申请网站、电子申请客户端的功能使用，电子申请文件的制作、提交和电子发文的接收，以及电子申请用户注册、纸件申请转电子申请等业务的规则和办理方式。本书撰写的具体分工为：王星跃、彭超逸负责第一章；彭超逸负责第二章、第三章、第十章；蔡金星负责第四章、第七章；杜晓昀负责第五章、第九章、第十一章；梁爽、康飞负责第六章；王星跃负责第八章。国家知识产权局专利局审查业务管理部葛树、韩小非，初审及流程管理部董马林、张艳丽对本书进行了审稿工作，其间提出了许多宝贵的指导性意见。此外，在本书撰写过程中，国家知识产权局专利局审查业务管理部和自动化部大力支持，提供无私帮助，本书编写组在此表示衷心的感谢。

希望本书能够给使用电子申请的申请人和专利代理机构带来帮助！

# 目　录

# 第一章　概　述

根据国家知识产权局统计，近年专利申请量呈持续快速增长的态势，"十一五"期间，申请量从 2006 年的 57.3 万件，增长到 2011 年的 163 万件，保持了年均 20% 以上的高增长率。"十二五"以来，随着我国经济总量不断扩大、科技投入明显增长、创新活动空前活跃，社会知识产权保护意识普遍加强，2012 年专利申请量突破 200 万件，2013 年达到 237.7 万件。与此同时，专利申请量快速增长与审查力量不足的矛盾愈加凸显，社会对于专利审查也提出了更高的要求。有效整合和挖掘现有审查资源，充分利用现代计算机技术和信息化手段，提升专利审查的信息化、自动化水平，是提高专利审查效率、专利服务水平的重要途径，而电子申请的应用则是现阶段提升信息化水平的最为有效的手段。

国家知识产权局专利审查的信息化经历了三个发展阶段。第一阶段在 20 世纪八九十年代，是专利审查信息化建设的初创阶段，开发完成并投入使用 CPMSII 系统（中国专利管理系统 II），引入欧洲专利局的 EPOQUE 检索系统，基本实现纸件专利文档位置与交接环节的信息化，可有效监控专利审查状态和纸件文档的位置，这是我国专利审查信息化建设的探索阶段。第二阶段在九十年代末逐步对纸件文档进行扫描处理，并在 2001 年基本实现专利申请文件的扫描图形的管理，并以扫描文件为数据基础开发了 CPMSIII 系统（中国专利管理系统 III），实现了基于纸件文档的全流程的电子审查，极大地提高了专利审查的规范性和准确性。第三阶段为"十一五"期间以专利审查三大系统为核心涵盖专利申请、数据加工、专利审批、专利信息服务、政府网站的全面信息化系统建设的阶段。"三大系统"即专利电子审批系统（简称"E 系统"）、专利检索与服务系统（简称"S 系统"）和外观设计专利智能检索系统（简称

"D 系统")。2010 年三大系统正式上线运行，由此进入专利审查业务无纸化"E 时代"，实现了我国专利审查业务工作模式的全新变革，标志着国家知识产权局专利审查信息化水平迈上了一个新台阶。

我国专利局是继欧洲、美国、日本和韩国等国家和地区的专利局之后又一个开展专利电子申请业务的知识产权大局。我国也是专利电子申请比例增长较快的国家。国家知识产权局从 2004 年 3 月 12 日开始接收电子专利申请。电子申请系统运行以来，以电子申请的方式提交的专利申请数量在稳步增加，到 2008 年专利电子申请率不足 2%，与国外知识产权强国相比差距较大。

2010 年 2 月 10 日，中国专利电子审批系统上线运行，全新的专利电子申请系统同步上线，专利电子申请进入发展的快行道。专利电子申请系统使广大申请人和专利代理机构享受到专利电子申请的方便和快捷。专利电子申请率从 2010 年前的不足 7%，2010 年的 26%，2011 年的 67.2%，2012 年 81.9%，到 2013 年的 86.5%，专利电子申请实现了跨越式发展，电子申请方式已经逐渐被申请人和专利代理机构接受和使用，替代纸件申请成为专利申请的主要申请方式。

## 一、专利电子申请的优势

与传统的纸件申请相比，专利电子申请（以下简称"电子申请"）具有全天候服务、轻松收发文件、缩短审查周期、低碳环保、提高申请质量等诸多优势，这已成为申请人和专利代理机构（以下简称"代理机构"）的普遍共识。

电子申请的方便快捷是广大用户感受最深的一个特点。电子申请系统 7 × 24 小时服务，提交电子申请不受时间和地域的限制，用户随时随地可以提交电子申请。电子申请能在一个工作日内完成受理，受理通知书在发文日当天可以通过客户端下载，节约了纸件信函的递送时间，同时电子申请不需要纸件申请文件的文件扫描和代码化加工，能够及时进行后续审查程序。电子申请的受理流程图如下所示。

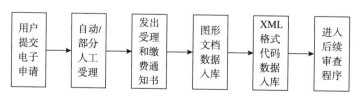

**图 1 - 1  电子申请受理流程图**

电子申请具有绿色环保、低碳节能的特点。对申请人和代理机构而言，可有效减少纸张使用，减少纸件存放空间，节省办公设备的购买或租赁和部分邮寄邮资的支出，也能有效减少纸件文档管理人力成本的支出。

电子申请为用户提供了全面丰富的信息化服务手段。在电子申请用户身份认证的基础上，可以实现专利审查系统和申请人在数据信息上的共享和互动，并在此基础上实现公众服务范围和方式的扩展，为申请人提供全面、灵活、个性化的服务。例如用户可以开通手机短信提醒服务，通知书发文日当天，系统会及时向用户发送手机短信进行提示。另外，用户能够快捷地通过互联网查阅提交的案卷情况，查询递交文件信息、通知书发文情况以及需要缴纳的费用明细等审查信息。

电子申请可有效缩短文件处理和审查周期。专利电子审批系统全流程实现基于 XML 格式数据的审查，同样基于 XML 格式的电子申请文件不必进行纸件申请文件的加工处理，可以直接进入审查，从而缩短了审查周期。

此外，客户端提供了严格的校验规则和辅助判断，能帮助用户在编辑申请文件的过程中及时发现申请文件中一些明显的缺陷，有效提高申请文件的质量。

## 二、国外专利电子申请的发展

发展电子申请已经成为世界各国知识产权界的共识，电子申请不仅不受地域、气候、邮路因素影响，而且具有高效、便捷的优势。另一方面，以电子数据的形式提交专利申请文件，有利于专利文件的数据格式的统一，便于实现无纸化审查和国际间专利数据信息的交换和共享。世界上知识产权强局，如日本特许厅、欧洲专利局、美国专利商标局和韩国专利局等都较早地开始了电子申请的开发和应用，在电子申请应用方面积累了丰富的使用经验。

### （一）世界知识产权组织

PCT - EASY 是 WIPO 于 1999 年与欧洲专利局共同推出的电子申请软件，PCT 申请的申请人可通过 PCT - EASY 来提交专利申请。2004 年国际局作为受理局开始接收 PCT - SAFE 电子申请，PCT - EASY 作为单独的软件终止发行，其功能被完全包含在新的 PCT - SAFE 中，PCT 申请的申请人可用 PCT - SAFE 来准备并提交完全电子形式的国际申请。PCT - SAFE 能使申请人准备一次国际申请就能在任何地方提交，能方便各局之间文件和数据的传送和交换。

PCT-SAFE 有两种模式：一是完全电子模式，即整个申请是电子形式的（图像或字符编码），并使用电子签名，通过安全的互联网传输或物理载体来提交；二是 PCT-EASY 模式，即整个申请是纸件形式，包括计算机打印的请求书表格，再加上载有电子形式的请求书和摘要数据的磁盘。

### （二）美国专利商标局

美国专利电子系统自 2000 年 10 月起正式接收电子申请。第一阶段的电子申请系统 Electronic Filing System（EFS）基于 XML 和 PDF 格式标准，采用 C/S（客户端/服务器）模式构建系统。第二阶段的电子申请系统 Electronic Filing System-Web（EFS-Web）主要基于 PDF 格式标准，采用 B/S（浏览器/服务器）模式构建系统。通过 EFS-Web 可以提交的文件有新申请、中间文件、转让文件、复审文件、相关的文献以及费用等。EFS-Web 安全、快速、简单，可靠性高，对于申请人提交的文件格式可以进行转换，具有较高的兼容性。

### （三）欧洲专利局

欧洲专利局电子申请系统起步于 1992 年。1992 年 11 月，欧洲专利局、美国专利商标局和世界知识产权组织三方达成了一项协议。根据该项协议，由上述三方合作开发名为"EASY"的电子申请系统软件项目。Epoline 是之后欧洲专利局开发的电子申请服务系统。该系统于 2000 年 11 月开始接收在线电子申请。Epoline 系统功能包括：可以网上递交申请文件、网上 EPO 专利登记、在线文件查询、在线付费及账户管理、局间优先权文本的在线交换等。

### （四）日本特许厅

日本特许厅从 1984 年开始着手启动实施专利电子申请。1985 年日本特许厅开始启动 F-TERM 系统（即发明、实用新型的审查资料和全文检索系统）。从 1990 年至 1998 年，日本特许厅完成了整个专利电子申请的流程管理和电子申请的审查自动化系统。在这一阶段，发明和实用新型的申请人可通过提交含有申请文件内容的软盘，或通过日本 NTT 的 ISDN 的专用通信网络的专用微机，向日本特许厅传送专利电子申请。从 1998 年 4 月起申请人可以采用一般计算机作为申请终端，通过 ISDN 方式提交申请。从 2005 年 10 月起，日本特许厅实现了对于所有类型专利的基于 Internet 的在线电子申请，与原有的 ISDN 网络申请并行。

## （五）韩国专利局

韩国专利电子申请起步较晚，但发展速度较快。韩国专利局从 1995 年开始可以通过软盘方式提交专利电子申请，到 1997 年该局受理的专利申请中，使用软盘提交申请的已占 90%，纸件申请仅占 10%。KIPONET 是韩国专利局综合性知识产权信息系统。KIPONET 从 1999 年 1 月 6 日起开始对公众服务，专利电子申请的文件格式是 SGML。申请人可以使用 WORD 类字处理软件制作申请文件，其中加入专门编辑化学方程式和数学方程式的编辑软件。文件经过字处理软件处理后，通过 KEAPS 软件排列成规定格式并转换成 SGML 格式，经过加密、压缩等处理后存入软盘或通过 Internet 传送到韩国专利局。

## 三、专利电子申请的法律基础

《专利法实施细则》第二条规定："专利法和本细则规定的各种手续，应当以书面形式或者国务院专利行政部门规定的其他形式办理。"此外《专利法实施细则》第十五条第二款还规定："以国务院专利行政部门规定的其他形式申请专利的，应当符合规定的要求。"

依据上述法律规定，国家知识产权局可以接受纸件申请，也可以接受以非纸件形式提交的专利申请，同时明确了国家知识产权局具有制定其他形式申请相关规定的权利和职责。《专利审查指南 2010》第五部分第十一章对以电子文件形式提出的专利申请作了具体规定。此外，国家知识产权局于 2010 年 8 月 26 日颁布了《关于电子专利申请的规定》的第五十七号局令，对电子申请的程序和要求进行了明确规定。

## 四、专利电子申请简介

专利电子申请应当属于《专利法实施细则》第二条规定的其他形式，电子申请是指以互联网为传输媒介将专利申请文件以符合规定的电子文件形式向国家知识产权局提出的专利申请。

对电子申请的定义需要注意两个关键点："互联网"和"符合规定的"电子文件形式。我国的电子申请是使用互联网进行传输的，区别于有些国家使用专线网络或电子邮件；电子文件应当是"符合规定"的，使用国家知识产权局电子申请系统编辑和传输的、符合相应技术规范的电子形式文件。

使用电子申请，应当首先注册成为电子申请用户。电子申请各种手续文件，都应当以电子文件形式提交，除规定的某些类型的文件外，均不能以纸件形式提交。

目前发明、实用新型、外观设计专利新申请，进入中国国家阶段的国际申请，复审与专利权无效宣告请求及后续中间文件均可以使用电子申请提交。

我国的电子申请是采用广域网进行传输的，因此保密专利申请是不能使用电子申请形式的，即便通过电子申请提交的普通申请经审查认为专利申请需要保密的，也会将该专利申请转为纸件形式后继续审查。

纸件申请在任何审查阶段均可以要求转为电子申请，当然，纸件形式的保密专利申请也不允许转为电子申请。

需要说明的是，由于电子申请的应用范围不断扩大，越来越多的业务类型纷纷采用电子申请形式。本书所讲电子申请仅包括普通国家申请、进入国家阶段的国际申请和复审无效的电子申请，不包括已开通的 PCT 申请国际阶段和集成电路布图设计在线电子申请。如需了解上述两种类型电子申请的使用和操作，可以访问：

PCT 电子申请网：网址为 http：//www. pctonline. sipo. gov. cn。

集成电路布图设计申请平台：网址为 http：//vlsi. sipo. gov. cn。

上述两个网站均可以使用电子申请用户代码及用户密码进行登录，已经注册成为电子申请用户的，可以直接登录，无须另行注册。

## 五、专利电子申请系统简介

电子申请的应用依赖于电子申请系统，电子申请系统由电子申请客户端、电子申请网站和电子申请服务器端三部分组成，用户接触使用最多的是电子申请客户端和电子申请网站。

电子申请客户端（以下简称"客户端"）是电子申请系统的重要组成部分，是用户使用电子申请的主要工具。用户在以电子申请方式完成专利申请的过程中，制作并发送文件、接收电子通知书等主要步骤都是通过客户端操作完成的。客户端同时还具有辅助校验、案卷管理、数字证书管理和批量接口等功能。

专利电子申请网站（http：//www. cponline. gov. cn，以下简称"网站"）是了解电子申请最新发展动态，获取电子申请资料和信息，下载电子申请使用工具，在线咨询问题及办理电子申请特定业务的平台。

电子申请服务器端是国家知识产权局局端使用的，主要包括：电子申请用户注册审查，电子申请文件的接收和受理，电子申请通知书的发送以及相应管理功能。

为了保证专利电子申请的正常接收，国家知识产权局开发了电子申请应急系统。在正式系统由于维护或其他原因无法正常运行期间，应急接收系统可以提供正常服务。

## 六、专利电子申请的相关术语

1. 电子申请用户

与国家知识产权局签订专利电子申请系统用户注册协议，办理了有关注册手续，获得用户代码和密码的个人、单位和代理机构。

2. 电子申请用户注册

注册请求人在国家知识产权局办理用户注册手续并获得电子申请用户代码和密码的过程。

3. 电子申请用户代码

由国家知识产权局赋予电子申请用户的用以区别电子申请用户身份的唯一代码。

4. 电子发文

电子发文是指国家知识产权局通过专利电子申请系统将通知书或者决定以电子文件形式发送给电子申请用户的发文形式。

5. 数字证书

国家知识产权局为电子申请注册用户提供的，在电子形式文件和电子形式通知书或决定传输过程中，保证传输的机密性、有效性、完整性和验证、识别用户身份的电子文档。

6. 电子签名

电子签名是指通过国家知识产权局电子申请系统提交或发出的电子文件中所附的用于识别签名人身份并表明签名人认可其中内容的数据。

《专利法实施细则》第一百一十九条第一款所述的签字或者盖章，在电子申请文件中是指电子签名，电子申请文件采用的电子签名与纸件文件的签字或者盖章具有相同的法律效力。

# 第二章  电子申请网站

中国专利电子申请网站是社会公众了解电子申请相关信息和最新动态的主要途径，是电子申请用户办理电子申请业务的平台。

社会公众访问网站可以了解电子申请相关的新闻动态和重要通知公告，学习电子申请使用流程，了解电子申请相关的法律法规和规范，下载电子申请有关的表格，还可以通过在线交流平台进行交流和沟通。电子申请用户使用用户代码和密码登录网站，可以办理电子申请相关业务。中国专利电子申请网站首页如图2-1所示。

图2-1　中国专利电子申请网站首页

## 一、新闻动态

新闻动态栏目以图片和文字的形式报道电子申请相关的新闻、专题活动等，以便于社会公众更好地了解电子申请的发展动态信息。

## 二、通知公告

通知公告栏目中是关于电子申请相关业务的最新通知以及电子申请系统维护和更新的公告。通知公告栏目是国家知识局专利局电子申请系统相关通知、公告等信息的发布窗口。通知公告的主要类型有：系统维护（启动应急系统）、网上缴费相关通知、模板表格标准定义修订发布、客户端升级信息等。关于电子申请的最新进展将于第一时间发布在此栏目，电子申请用户应当保持对此栏目的关注。通知公告栏目如图 2 - 2 所示。

图 2 - 2　通知公告栏

## 三、网上注册

社会公众可在电子申请网站上注册，获取临时用户代码，成为电子申请临时用户。网上注册入口如图 2 - 3 所示。

图 2-3　网上注册入口

　　在网上注册信息界面正确填写用户注册信息，红色❶为必填项目。个人网上注册信息填写界面如图 2-4 所示。

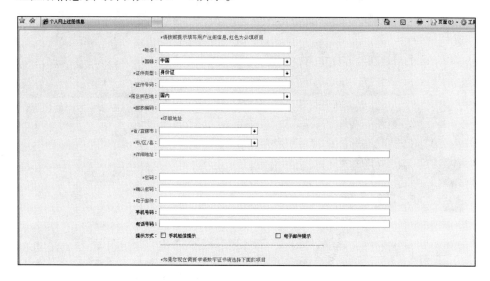

图 2-4　填写注册信息

## 四、用户登录

　　注册用户可使用用户名和密码登录电子申请网站，办理电子申请相关的业务，具有证书管理、个人信息维护、办理业务、信息查询以及网上缴费等功

---

❶　计算机上会显示为红色。

能，具体办理业务包括：网上缴费、办理纸件通知书副本在线请求、电子通知书重复下载在线请求、批量纸件申请转电子申请请求、查询用户提交的案件情况和电子发文情况等。

正式用户和临时用户的登录入口相同。

## 五、电子申请使用流程

从电子申请用户注册到编辑和提交电子申请文件，"电子申请使用流程"栏目分步骤介绍了电子申请的使用流程。点击其中的某个步骤，系统将弹出二级界面，详细介绍该步骤下电子申请用户的具体操作。电子申请使用流程栏目如图2-5所示。

**图2-5  电子申请使用流程**

## 六、教学视频

网站首页的"电子申请简介"栏目中有电子申请的教学视频，该视频详细介绍并讲解了电子申请的应用，尤其是其中的"仿真操作"部分，用界面操作的方式一步一步地指导用户使用并操作客户端。

## 七、常用表格

"常用表格"栏目中包括社会公众可以下载到的电子申请用户注册请求书、专利电子申请系统用户注册协议以及电子申请用户在必要时需要提交的注册相关的表格。

## 八、工具下载

"工具下载"栏目提供了电子申请相关软件、程序、模板和帮助文档的下载。客户端安装程序、客户端离线升级程序、电子申请 USB – KEY 驱动、MYSQL 安装程序及驱动程序等系统工具都在此栏目下载，如图 2 – 6 所示。

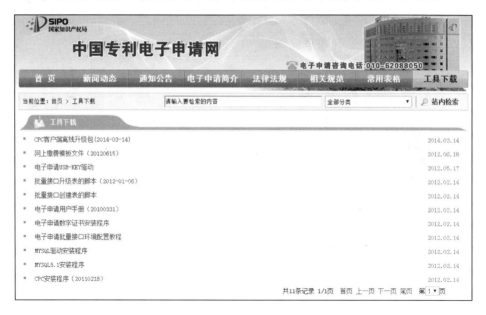

**图 2 – 6 "工具下载"栏目页面**

## 九、常见问题

"常见问题"栏目汇总了电子申请系统使用和操作等方面的常见问题，为社会公众提供参考。通过阅读其中的内容，可以快速了解在使用电子申请过程中可能会遇到的疑问及相应的解决办法。"常见问题"栏目如图 2 – 7 所示。

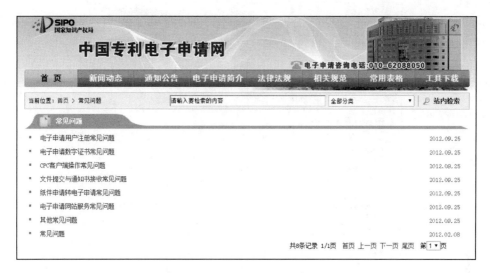

图 2 - 7　"常见问题"栏目页面

## 十、帮助文档

"帮助文档"栏目提供了电子申请相关系统及软件的详细操作手册，并提供了电子申请用户学习培训材料。

## 十一、在线交流

"在线交流"栏目是为社会公众（包括非电子申请用户和电子申请用户）提供在线沟通交流服务的平台。任何人都可以在这一平台中提问和交流，用户可以就其他用户的问题进行解答，平台管理人员也会定期对用户提出的问题进行答复。管理人员整理出典型问题，放在精华版供公众参考。电子申请用户提问过的问题，都可以在"我的提问"栏中直接查看。在线交流栏目页面如图 2 - 8所示。

双击问题列表中的某个具体问题，即可查看该问题的描述及全部回答。具体咨询问题查看页面如图 2 - 9 所示。

图 2-8 "在线交流"栏目页面

图 2-9 具体咨询问题查看页面

## 十二、中国专利查询系统

中国专利查询系统按照用户权限，为电子申请用户提供专利信息的查询服务。这个栏目仅提供了该查询系统的链接（http：//cpquery. sipo. gov. cn），用户点击该链接后即打开中国专利查询系统的首页。电子申请用户可以凭用户名和密码查询本用户提交申请的公布公告信息、基本信息、费用信息、审查信息和专利授权证书信息等。中国专利查询系统首页如图2－10所示。

图 2 - 10　中国专利查询系统首页

## 十三、其他栏目

在"法律法规"栏目，社会公众可以了解电子申请的相关规定和业务通知。

"相关规范"栏目中是电子申请技术标准、操作规范和格式定义等，目前有外观设计电子申请视图及简要说明制作与提交规范、批量电子申请接口表设计规范、电子申请批量接口附件等内容。

"通知书验签"栏目提供电子通知书验签功能，用于检验收到的电子通知书的真伪。

# 第三章　电子申请用户注册

电子申请用户注册是指注册请求人向国家知识产权局提交注册材料，获取电子申请用户代码和密码的过程。注册请求人可以是个人、单位及代理机构。电子申请注册的主要目的是确定注册请求人的身份。目前，通过核实注册请求人有效身份证明文件的方式确认其身份。

## 第一节　注册材料

在电子申请用户注册之前，注册请求人需要准备注册请求材料。注册请求材料包括：电子申请用户注册请求书（以下简称"注册请求书"）、专利电子申请系统用户注册协议（以下简称"注册协议"）一式两份以及用户注册证明文件。不同类型的注册请求人需要提供相应的用户注册证明文件，注册请求书和注册协议可在电子申请网站首页下载。

### 一、注册请求书

注册请求书是指国家知识产权局专利局制定的标准表格，注册请求书中应当写明注册请求人姓名或名称、类型、证件号码、国籍或注册地、经常居所或营业所所在地、详细地址、邮政编码和电子邮箱。

注册请求人是单位或代理机构的，注册请求书中应当写明经办人信息并填写联系人信息。委托他人办理注册手续的，被委托人应在相应栏目内签章；单位、代理机构办理注册手续的，经办人应在相应栏目内签章。注册请求人是个人的，不需要填写联系人信息。

## 二、注册协议

注册协议是指注册请求人办理电子申请用户注册手续时，与国家知识产权局签订的，明确在专利电子申请系统使用中双方责任义务的协议。注册请求人应签订注册协议一式两份，并在协议上签字或盖章。

## 三、用户注册证明文件

注册请求人为个人的，应提交由本人签章的身份证明文件的复印件。身份证明文件是指居民身份证或其他有效证件。委托他人办理注册手续的，还应提交由经办人签章的经办人身份证明文件复印件一份和注册请求人的代办委托证明一份。

注册请求人为单位的，应提交加盖单位公章的企业营业执照或组织机构证复印件一份，注册请求人的代办委托证明或单位介绍信一份，办理注册手续的经办人签章的经办人身份证明文件复印件一份。

注册请求人为代理机构的，应提交加盖代理机构公章的代理机构注册证复印件一份，注册请求人的委托证明或单位介绍信一份，办理注册手续的经办人签章的经办人身份证明文件复印件一份。

# 第二节　注册方式

电子申请用户注册分为当面注册、邮寄注册和网上注册三种方式。

当面注册是指注册请求人到国家知识产权局专利局（以下简称"专利局"）受理窗口或专利局各代办处（以下简称"代办处"）办理电子申请用户注册手续。邮寄注册是指注册请求人将注册材料邮寄至专利局受理处，办理电子申请用户注册手续。网上注册是注册请求人登录电子申请网站办理电子申请用户注册手续。网上注册仍需要将注册材料邮寄至专利局。

邮寄地址：北京市海淀区蓟门桥西土城路 6 号国家知识产权局专利局受理处。

邮编：100088。

以上三种注册方式的注册材料经审批合格的，注册请求人将收到电子申请注册请求审批通知书和一份加盖专利局业务专用章的用户注册协议。电子申请注册请求审批通知书上注明了用户代码。用户代码的编码规则为：用身份证注册的个人为身份证号码，单位为 CN＋8 位数字，代理机构为代理机构代码。

当面注册的用户密码是由注册请求人当面设置的。当面注册提交的注册材料不合格的，注册请求人将被告知不予注册的原因，并收到退还的注册材料。

邮寄注册的注册材料经审批合格的，注册请求人将收到含有初始密码的密码信（密码由系统随机生成）。邮寄注册提交的注册材料不合格的，注册请求人将收到电子申请注册请求审批通知书，其中说明了不予注册的原因，注册材料不予退还。

网上注册是指注册请求人通过网站填写注册信息，获得临时用户代码和密码。需要注意的是，临时用户资格不能提交电子申请，注册请求人仍然需要在网上注册之日起十五日内将纸件注册材料邮寄至专利局，经过审批合格的才能成为正式用户。申请人在网上注册获得临时用户资格后，未在规定时间内邮寄纸件注册材料的，将收到不予注册通知书。网上注册提交的注册材料不合格的，注册请求人将收到电子申请注册请求审批通知书，其中说明不予注册的原因。在此情况下，注册请求人需要重新进行网上注册并再次邮寄注册证明材料。网上注册提交的注册材料经审批合格的，注册请求人将获得正式的用户代码和密码。网上注册的用户密码是由注册请求人在线提出注册请求时预置的。

# 第三节　用户注册信息的变更

用户注册信息发生改变时，应当进行注册信息变更，其中注册用户代码不能变更。

注册用户的密码、详细地址、邮政编码、电话、手机号码、电子邮箱、接收提示信息方式等信息发生变更的，注册用户应当登录网站在线进行变更。

注册用户的姓名或者名称、类型、证件号码、国籍或注册国家（地区）、经常居所地或营业所所在地等信息发生变更的，注册用户应当向专利局提交电子申请用户注册信息变更请求书及相应证明文件，办理变更手续。此外，涉及密码找回的电子邮箱信息发生变更的，也应当提交证明文件请求变更。注册用户提交的电子申请用户注册信息变更请求书及证明文件符合规定的，注册用户将收到电子申请注册请求审批通知书，其中注明了变更事项；不符合规定的，注册用户将收到指明缺陷的电子申请注册请求审批通知书。数字证书丢失需要重新签发的，可以提交电子申请用户注册事务意见陈述书及证明文件，经审批合格的，将收到电子申请注册事务专用函。

电子申请用户注册信息变更请求书及电子申请用户注册事务意见陈述书应使用专利局制定的标准表格，可在中国专利电子申请网站首页的常用表格栏目中下载。

## 一、电子申请用户注册信息变更请求书

电子申请用户注册信息变更请求书中填写的注册用户代码、姓名或名称应与注册信息记载一致。办理变更手续的用户应在签章栏中签字或盖章，签章应与注册信息记载一致。

## 二、证明文件

证明文件应为原件，证明文件是复印件的，应经过公证或者由出具部门加盖公章。

### （一）个人更名的证明文件

电子申请注册用户因姓名发生改变而请求变更的，应提交户籍管理部门出具的姓名变更证明文件。

电子申请注册用户国籍发生变更同时请求更改姓名的，应提交本人签章的更改姓名的声明。

### （二）企业更名的证明文件

企业（包括企业法人和非法人经济组织）因更改名称而提出变更请求的，在提交变更请求的同时应提交工商行政管理部门出具的证明文件。证明文件除包括加盖变更后企业公章的变更后营业执照复印件外，还包括工商行政管理部门以信函的形式出具说明变更事实的证明文件；加盖工商行政管理部门行政许可专用章的"企业名称变更通知书"或"准予变更登记通知书"；一并提交的"企业名称预先核准申请书"，或者一并提交的"企业名称预先核准通知书"，或者一并提交的"准予变更登记通知书"；加盖工商行政管理部门行政许可专用章的"企业改制情况说明书"；加盖企业档案管理部门企业档案查询专用章

记载企业名称变更情况的档案材料；工商行政管理部门授权的单位出具的记载企业名称变更情况的证明文件。

（三）事业单位更名的证明文件

事业单位因更名而请求变更的，应提交具有相应登记管理权或者备案管理权的登记管理部门出具的证明文件和加盖变更后单位公章的变更后组织机构证复印件。

（四）社会团体更名的证明文件

社会团体因更名而请求变更的，应提交具有相应登记管理权或者备案管理权的民政部门出具的证明文件和加盖变更后单位公章的变更后组织机构证复印件。

（五）代理机构更名的证明文件

代理机构因更改名称请求变更的，应提交国家知识产权局条法司关于批准变更注册事项通知的复印件和专利代理机构注册证复印件。

# 第四章　电子申请用户数字证书

2005 年 4 月 1 日《电子签名法》正式施行，标志着我国首部"真正意义上的信息化法律"已经正式诞生。《电子签名法》第十四条规定："可靠的电子签名与手写签名或者盖章具有同等的法律效力。"

大部分专利申请及手续文件需要申请人或代理机构签字或盖章，电子申请系统使用相应密码技术的电子形式签名，即电子签名。电子签名是指：通过专利局电子申请系统，提交或发出的电子文件中所附的用于识别签名人身份并表明签名人认可其中内容的数据。

《专利法实施细则》第一百一十九条第一款所述的签字或盖章，在电子申请文件中指电子签名，电子文件采用的电子签名与纸件文件的签字或者盖章具有相同的法律效力。

专利电子申请用户数字证书（以下简称"数字证书"）是注册用户注册成功以后，注册部门提供给电子申请用户，用于用户身份验证的一种权威性电子文档，专利局可以通过电子申请文件中的数字证书验证、识别用户的身份。

办理完成用户注册手续后，用户将收到电子申请注册请求审批通知书，并获得用户代码和密码，用户应当及时登录网站下载数字证书。目前，数字证书下载的推荐使用环境为 IE 7 浏览器。

数字证书包括两种形式，网上下载的数字证书（IE 软证书）和 USB - KEY 数字证书，USB - KEY 数字证书需要到专利局受理处或者专利局各代办处当面申领。

用户提交电子申请需要使用数字证书进行签名、上传文件、接收通知书等操作。签名过程会验证电子签名与数字证书中存储的用户信息是否一致，上传文件时数字证书对申请文件数据进行加密处理，保证数据传输过程中的安全。

电子申请采用电子签名的方式，目前电子申请系统在"签名"时嵌入用户的数字签名，一个电子申请案卷只能包含一个数字签名，不支持一个案卷使用多个数字证书进行签名。

数字证书只能通过电子申请网站下载一次，不能重复下载，用户应当妥善保存数字证书。为解决数字证书损坏或丢失等无法使用的问题，建议用户在下载数字证书后，及时备份数字证书，关于数字证书的导出备份本章有详细的介绍。

数字证书的有限期为三年，期满前一个月，电子申请网站将提示用户对数字证书进行更新，逾期未更新的，数字证书将无法使用，用户应当及时对数字证书进行更新，数字证书形式是 IE 软证书的，用户自行在电子申请网站进行更新。数字证书形式是 USB – KEY 证书的，用户应当执 USB – KEY 证书到专利局受理处或者专利局各代办处进行更新。

## 第一节　数字证书的下载

第一步：使用用户代码和用户密码登录"中国专利电子申请网"网站，如图 4 – 1 所示。

图 4 – 1　"中国专利电子申请网"网站登录界面

第二步：打开【用户信息】标签的界面，在左侧工作台功能列表中打开
"证书管理"列表，如图4－2所示。

**图4－2 "证书管理"界面**

第三步：在证书信息列表下方，点击【下载证书】，系统提示"正在创建
新的 RSA 交换密钥"，点击【确定】，则系统自动生成和安装证书，如图4－3
(a) 所示。如果需要为数字证书设置密码，则点击【设置安全级别】，在弹出

的对话框中安全级别选择
"高"，点击【下一步】如
图4－3（b）所示，在弹出
的对话框中设置密码，设置
完成后，点击【完成】如
图4－3（c）所示，即完成
了对证书密码的设置，系统
提示"数字证书安装成功"
表示已经完成数字证书的下
载和安装操作，下载成功的
数字证书自动保存在计算机
的 Internet Explorer 浏览器中。

**图4－3(a) 下载数字证书1**

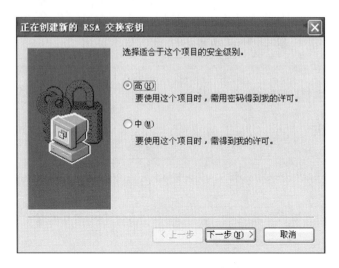

图 4 – 3( b )　　下载数字证书 2

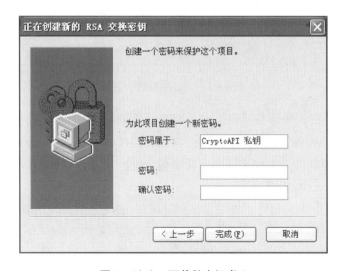

图 4 – 3( c )　　下载数字证书 3

# 第二节　USB – KEY 数字证书的使用和签发

　　USB – KEY 数字证书是固化硬介质证书，一个用户可以领取多个 USB – KEY 数字证书。USB – KEY 数字证书适用于部分企业和有分支机构或普通合伙制专利代理机构，实现案卷按照不同的 USB – KEY 数字证书进行管理。用户可以使用 USB – KEY 数字证书提交电子申请文件和接收通知书。

## 一、USB – KEY 数字证书的签发和领取

USB – KEY 数字证书和 IE 软证书不能同时使用，自签发 USB – KEY 数字时起，IE 软证书将被注销。

用户在办理注册手续时可以直接提出使用 USB – KEY 数字证书的请求，需要提交电子申请用户注册事务意见陈述书，专利电子申请系统 USB – KEY 数字证书签收单一式两份，请求人应当现场携带个人身份证并提交亲笔签名的身份证复印件、分支机构证明材料、代理机构或企业委托办理领取 USB – KEY 数字证书证明材料。

## 二、USB – KEY 数字证书的使用

用户领取 USB – KEY 数字证书后，需自行登录电子申请网站修改原来数字证书的电子申请提交权限至新的 USB – KEY 数字证书上。

涉及电子申请提交权限人著录项目变更，变更后用户使用多个 USB – KEY 数字证书，由变更前用户提交变更手续的，手续合格后该专利申请对应的提交权限为变更后用户的第一顺序 USB – KEY 数字证书；由变更后用户直接使用 USB – KEY 数字提交变更手续的，手续合格后该专利申请对应的提交权限为提交变更手续的 USB – KEY 数字证书。

# 第三节　数字证书的查看

用户下载数字证书后，数字证书自动加载在 Internet Explorer 浏览器和客户端中。

## 一、数字证书的属性信息

在 IE 浏览器界面中依次选择"工具"→"Internet 选项"→"内容"→"证书"→"个人"。安装成功的数字证书会显示在证书栏里，如图 4 – 4 (a)、图 4 – 4（b）所示。

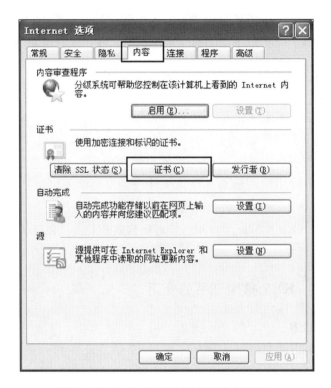

图 4 - 4(a)　在 IE 浏览器查看数字证书 1

图 4 - 4(b)　在 IE 浏览器查看数字证书 2

## 二、在客户端中查看数字证书

在客户端主界面中点击"数字证书管理"→"证书管理"。在弹出的界面中可以查看到数字证书，如图 4 - 5 所示。

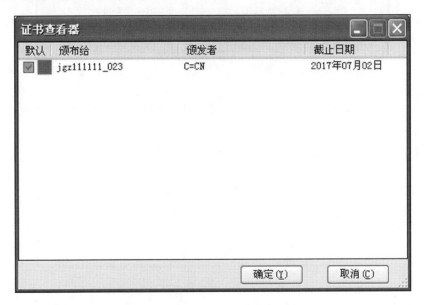

**图 4 - 5　在客户端中查看数字证书**

📎 **小秘书**：如果有多个数字证书，可以在客户端证书查看界面选择其中一个作为默认使用的数字证书，在使用数字证书签名的时候，系统会默认使用该数字证书，省略用户选择数字证书的操作。

# 第四节　数字证书的导出操作

为防止出现数字证书损坏或丢失等无法使用的情况，建议用户在下载数字证书后，及时备份数字证书。备份数字证书需要使用数字证书导出功能。

第一步：在 Internet Explorer 浏览器界面中依次点击"工具"→"Internet 选项"→"内容"→"证书"→"个人"，选择需要导出的数字证书，点击【导出】，如图 4 - 6（a）所示，在弹出的界面中点击【下一步】，如图 4 - 6（b）所示。

第二步：在导出私钥时，选择"是，导出私钥"点击【下一步】如图4－6（c）所示。

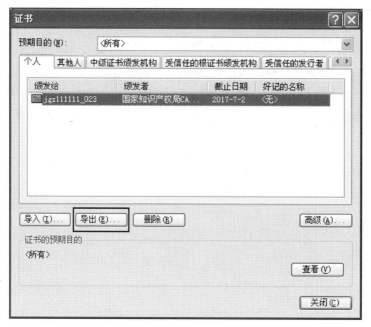

**图4－6(a)　导出数字证书1**

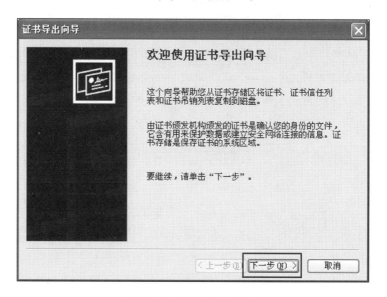

**图4－6(b)　导出数字证书2**

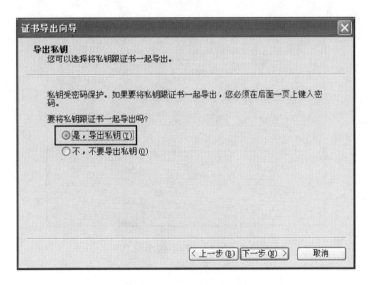

**图 4 - 6(c)　导出数字证书 3**

小秘书：如果导出数字证书时，在此处选择不将私钥与证书一起导出，那么导出的证书缺少私钥，无法使用。

第三步：在弹出的界面中点击【下一步】，可以看到键入并确认密码界面。如果不需要设置数字证书导入密码，可以跳过这个步骤，直接点击【下一步】，如图 4 - 6 (d)、图 4 - 6 (e) 所示。

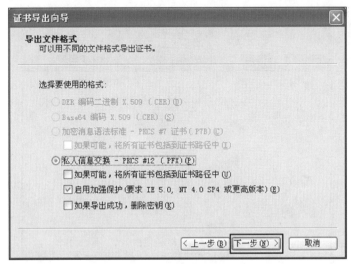

**图 4 - 6(d)　导出数字证书 4**

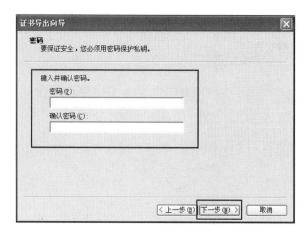

**图 4-6(e) 导出数字证书 5**

**小秘书**：如果用户需要数字证书再次被导入使用时进一步保证数字证书安全，可以在此处设置密码保护私钥，设置密码后，该数字证书被再次导入使用时，需要使用该界面设置的密码。

第四步：在弹出的界面中，点击【浏览】，指定导出的数字证书存储位置，输入数字证书文件名称，点击【保存】，如图 4-6（f）所示。

**图 4-6(f) 导出数字证书 6**

第五步：在弹出的界面中，点击【下一步】，在弹出的界面中会显示导出数字证书的信息，点击【完成】，如图4-6（g）所示。

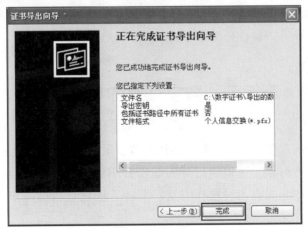

**图4-6(g) 导出数字证书7**

第六步：在弹出的提示界面中输入数字证书私钥密码，点击【确定】如图4-6（h）所示，完成数字证书的导出，数字证书导出成功后，系统会提示"导出成功"。

**图4-6(h) 导出数字证书8**

数字证书导出完成后，会存储在第四步中指定的位置，是后缀为".pfx"的电子文件。

✎ **小秘书**：如果导出的文件后缀为*.cer，是因为在导出第二步中选择了"不，不要导出私钥"，该后缀为".cer"的证书文件不能导入使用，不能达到数字证书备份的目的。用户可以将导出后缀为".pfx"的数字证书进行备份，如果因电脑重新安装等情况导致数字证书损坏或丢失，可以将备份的数字证书进行导入操作，继续使用数字证书。

# 第五节　数字证书的导入操作

当数字证书需要在多台电脑上使用，或者本机电脑重新安装操作系统导致数字证书丢失的时候，可以通过导入备份数字证书的操作，再次安装数字证书。数字证书的导入有两种操作方法。两种方法只是在第一步操作中入口不同，后续的操作完全一致。

第一种方法

第一步：找到导出的后缀为".pfx"的数字证书文件，如图4-7（a）所示。双击后缀为".pfx"的数字证书文件进入数字证书导入界面，如图4-7（b）所示。

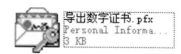

**图4-7(a)　导入数字证书1**

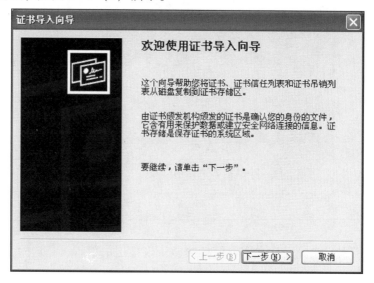

**图4-7(b)　导入数字证书2**

第二步：点击图 4-7（b）所示界面【下一步】，在弹出的界面中选定数字证书文件的位置，继续点击【下一步】，如图 4-7（c）所示。

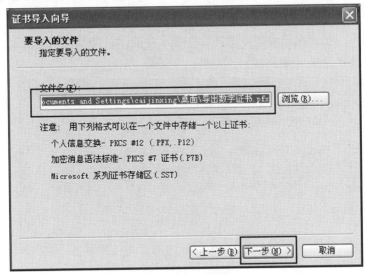

**图 4-7(c)   导入数字证书 3**

第三步：在弹出的界面中，输入私钥密码，如果导出数字证书时未设置密码，则不需要输入私钥密码。选定"启动强私钥保护"和"标志此密钥为可导出"，点击【下一步】，如图 4-7（d）所示。

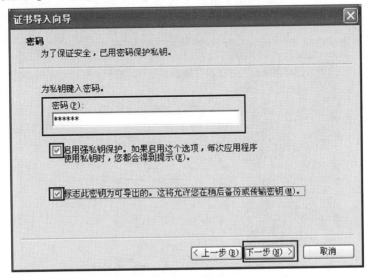

**图 4-7(d)   导入数字证书 4**

　　**小秘书**：如果需要为导入的数字证书设置密码，应勾选"启用强私钥保护"选项。如果允许导入的数字证书可以再次导出，应勾选"标志此密钥为可导出的"选项。

　　第四步：在弹出的界面中选择数字证书存储区，如果使用系统默认的存储区，可以直接点击【下一步】，如图4-7（e）所示。

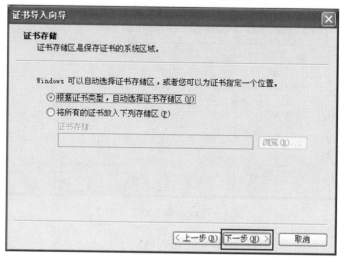

图4-7(e)　导入数字证书5

　　第五步：在弹出的界面中会显示导入数字证书的信息，最后，点击【完成】，如图4-7（f）所示。

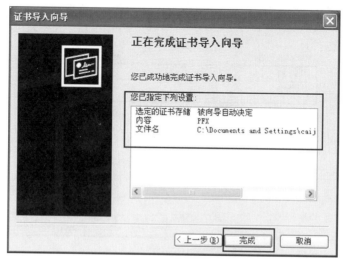

图4-7(f)　导入数字证书6

　　第六步：在弹出的界面中，可以设置安全级别。安全级别设置为中级，用户在每次使用数字证书提交电子申请文件时不需要输入密码；安全级别设置为高级，用户在每次使用数字证书提交电子申请文件时需要输入密码，如图 4 - 7（g）、图 4 - 7（h）所示。

**图 4 - 7（g）　导入数字证书 7**

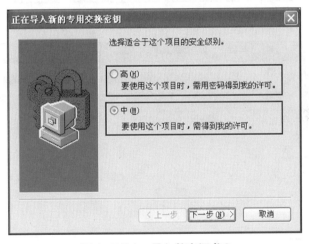

**图 4 - 7（h）　导入数字证书 8**

　　**小秘书**：如果在本方法第三步中没有选定"启动强私钥保护"，则不会出现第六步的界面，即默认安全级别为中级，不需要设置数字证书使用密码。

## 第二种方法

　　在 IE 浏览器界面中依次点击"工具"→"Internet 选项"→"内容"→

"证书"→"个人",点击【导入】进入数字证书导入界面,如图 4 – 7(i)、图 4 – 7(j)所示。后续的操作参见第一种方法第一步之后的步骤。

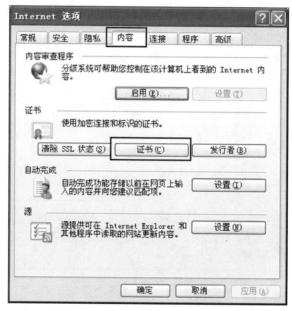

图 4 –7(i)  导入数字证书 9

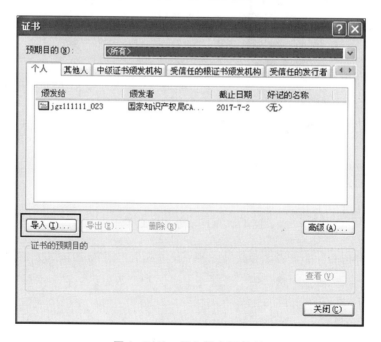

图 4 –7(j)  导入数字证书 10

# 第六节 数字证书的注销操作

当用户注册信息发生变化，数字证书私钥丢失、泄露或者疑似泄露时，用户可以登录电子申请网站注销数字证书。数字证书注销后，用户应当以书面形式提交电子申请注册事务意见陈述书和相关证明材料，请求重新签发数字证书。

第一步：登录网站后，进入电子申请"用户管理"界面，打开【用户信息】标签的界面，在左侧工作台区域打开证书管理列表。

第二步：选中证书信息列表需要注销的数字证书，单击上方【注销数字证书】，系统提示"数字证书注销成功"表示已经完成数字证书的注销，如图4-8所示。

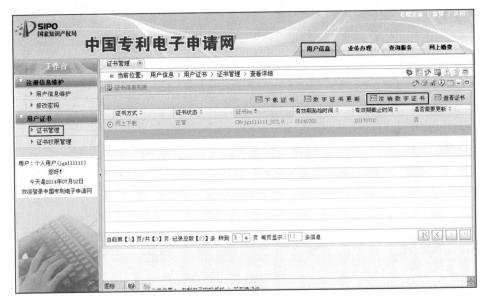

**图4-8 注销数字证书**

✎ **小秘书**：用户要谨慎使用数字证书的注销功能。数字证书注销后即时生效，用户将不能使用原有的数字证书在客户端提交案卷和下载通知书。

# 第七节　数字证书的更新

数字证书自签发之日起有效期为三年，数字证书的有效期和状态可以在中国专利电子申请网站上查询。如果数字证书超过有效期，数字证书将不能使用，用户应当在有效期前一个月在网站上更新数字证书。数字证书更新后，以更新日为起点，有效期延长三年。

第一步：登录网站后，进入电子申请"用户管理"界面，打开【用户信息】标签的界面，在左侧工作台区域打开证书管理列表。

第二步：选中证书信息列表上方需要更新的数字证书，单击上方【数字证书更新】，系统提示"数字证书更新成功"，表示已经完成数字证书的更新，如图4-9所示。

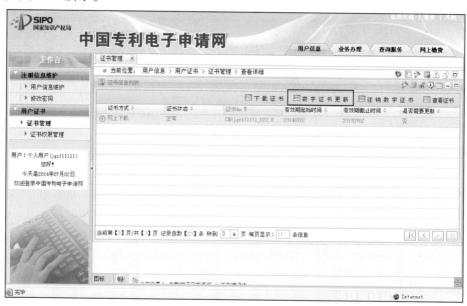

**图4-9　更新数字证书**

数字证书更新后，原数字证书还可以在有效期截止日前接收电子通知书，从截止日起，用户需使用更新后的数字证书提交新申请和中间文件，接收电子通知书。数字证书形式是 USB - KEY 数字证书的，用户应当执 USB - KEY 数字证书到专利局受理处或专利局各代办处进行更新。

# 第八节 数字证书的权限管理

数字证书发生变化时，例如，注销后重新签发数字证书，更换 USB－KEY 数字证书以及办理著录项目变更手续涉及专利申请提交权限人发生变化的，用户应当通过网站自行修改已提交电子申请对应的数字证书权限。数字证书权限的修改有单件修改和批量修改两种方法。

## 一、单件修改数字证书权限

第一步：登录电子申请网站后，进入电子申请"用户管理"界面，打开【用户信息】标签的界面，在左侧工作台区域打开证书权限管理列表，如图 4－10 所示。

**图 4－10　修改证书权限（1）**

第二步：选中证书权限管理信息列表需要修改提交权限的申请，点击上方【修改证书权限】将申请号对应的证书权限修改到新的有效的数字证书上，点击【确定】完成单件数字证书权限的修改，如图 4－11 所示。

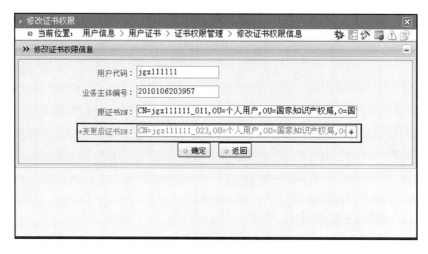

图4-11 修改证书权限（2）

## 二、批量修改数字证书权限

第一步：登录电子申请网站后，进入电子申请"用户管理"界面，打开【用户信息】标签的界面，在左侧工作台区域打开证书权限管理列表，如图4-12所示。

图4-12 批量修改证书权限界面

第二步：在批量修改证书权限界面，点击【批量修改证书权限】将原来数字证书下的案件对应的证书权限修改到新的有效的数字证书上，点击【确定】完成批量证书权限的修改，如图4－13所示。

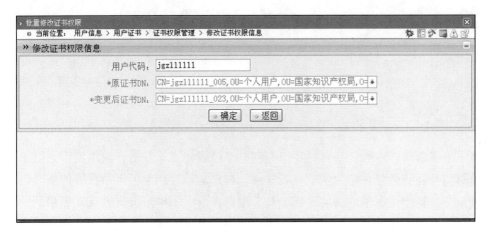

图4－13　批量修改证书权限

# 第五章　电子申请客户端介绍

　　电子申请客户端，是针对我国专利电子申请特点开发的，提供给广大电子申请用户和社会公众使用的单机版软件。客户端是专利电子申请系统的重要组成部分，是使用电子申请的主要工具。用户在以电子申请方式完成专利申请的过程中，制作并发送文件、接收电子通知书等主要步骤都是通过客户端操作完成的。客户端同时具有辅助校验、案卷管理、数字证书管理和批量接口等功能，以满足各类电子申请用户的使用需求。

　　客户端由用户操作界面和电子申请编辑器两部分构成。电子签名、电子申请文件的发送、电子通知书的接收、系统设置等功能在用户操作界面中实现；电子申请文件的编辑则通过电子申请编辑器完成。用户可以在离线状态下，打开电子申请编辑器中的模板，编辑电子申请文件；在互联网连通的状态下，发送电子申请文件并接收通知书。

## 第一节　客户端的安装与升级

### 一、客户端的运行环境

1. 软件环境

客户端可支持的软件运行环境如下：

Windows XP/7 + Office 2003/2007；

Windows XP 32bit + Microsoft Office 2010；

Windows7 32bit + Microsoft Office 2010；

Windows7 64bit ＋ Microsoft Office 2010；

Windows 8 32bit（不含 RT 版）＋ Microsoft Office 2003；

Windows 8 32bit（不含 RT 版）＋ Microsoft Office 2007；

Windows 8 32bit（不含 RT 版）＋ Microsoft Office 2010；

Windows 8 64bit（不含 RT 版）＋ Microsoft Office 2003；

Windows 8 64bit（不含 RT 版）＋ Microsoft Office 2007；

Windows 8 64bit（不含 RT 版）＋ Microsoft Office 2010。

2. 硬件环境

为保证客户端的运行速度，建议计算机内存1G以上。

小秘书：用户应当使用正版操作系统和 Microsoft Office 软件，使用盗版软件会导致客户端运行出现异常。

## 二、下载安装程序

客户端安装程序、最新离线升级包及客户端升级说明等内容都发布在电子申请网站上，建议电子申请用户经常关注网站发布的升级信息，及时更新客户端，以确保客户端的正常使用。

下载客户端安装程序的方法。

第一步：点击电子申请网首页左下方"工具下载"栏目，如图 5 - 1 所示。

图5 -1　电子申请网站"工具下载"栏目

第二步：在"工具下载"页面中选择并点击"CPC 安装程序"，如图 5 - 2 所示。

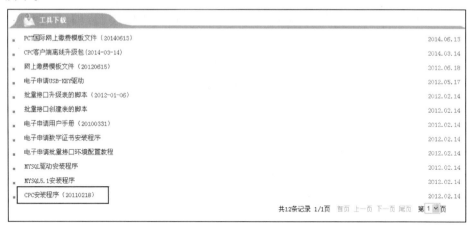

| 工具下载 | |
|---|---|
| PCT国际网上缴费模板文件（20140613） | 2014.06.13 |
| CPC客户端离线升级包（2014-03-14） | 2014.03.14 |
| 网上缴费模板文件（20120615） | 2012.06.18 |
| 电子申请USB-KEY驱动 | 2012.05.17 |
| 批量接口升级表的脚本（2012-01-06） | 2012.02.14 |
| 批量接口创建表的脚本 | 2012.02.14 |
| 电子申请用户手册（20100331） | 2012.02.14 |
| 电子申请数字证书安装程序 | 2012.02.14 |
| 电子申请批量接口环境配置教程 | 2012.02.14 |
| MYSQL驱动安装程序 | 2012.02.14 |
| MYSQL5.1安装程序 | 2012.02.14 |
| CPC安装程序（20110218） | 2012.02.14 |

共12条记录 1/1页 首页 上一页 下一页 尾页 第 1 页

**图 5 - 2　选择安装程序**

第三步：选择"CPC 安装程序"，点击鼠标右键，选择"目标另存为"，如图 5 - 3 所示。

**图 5 - 3　下载安装程序**

第四步：选择安装程序在计算机中的存储位置，点击【保存】，完成下载操作，如图 5 - 4 所示。

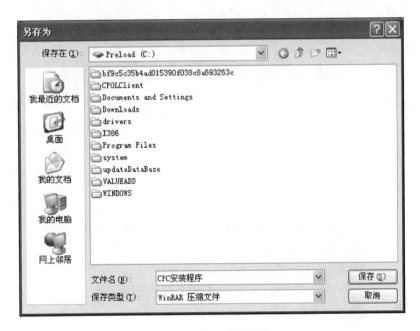

图 5 - 4 保存安装程序

## 三、安装步骤

客户端的安装步骤如下。

第一步：在电脑中打开已下载的"CPC 安装程序"，将安装程序解压缩，如图 5 - 5（a）所示。

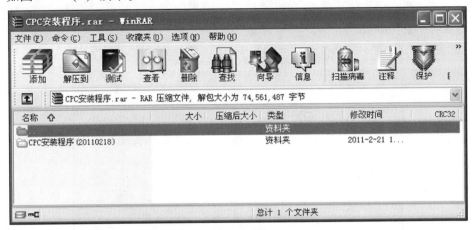

图 5 - 5(a) 安装客户端 1

第二步：点击安装程序文件夹中的"Setup. exe"，运行客户端安装程序，按照界面提示点击【下一步】，如图 5 – 5（b）、图 5 – 5（c）所示。

图 5 – 5(b)　安装客户端 2

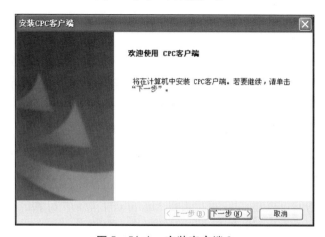

图 5 – 5(c)　安装客户端 3

第三步：输入用户名和公司名称，按照界面提示，点击【下一步】，如图 5 – 5（d）所示。

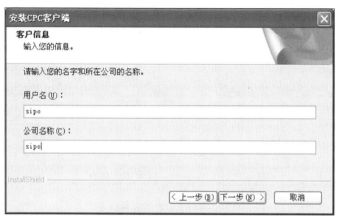

图 5 – 5(d)　安装客户端 4

第四步：一般情况下，应在安装类型选项中选择全部安装，点击【下一步】。如果选择编辑模式，将只安装与文件编辑有关的功能，不安装签名、案卷管理、发送接收等功能，如图 5 – 5（e）所示。

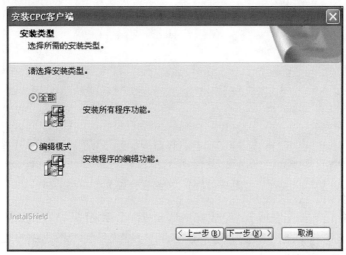

图 5 – 5(e)　安装客户端 5

第五步：指定客户端的安装路径，默认安装路径为 C：\ Program Files \ gwssi \ CPC 客户端，点击【更改】可以修改安装路径，点击【下一步】，如图 5 – 5（f）所示。

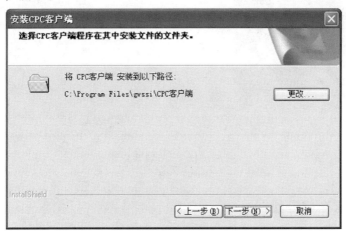

图 5 – 5(f)　安装客户端 6

第六步：点击【安装】，开始安装客户端，如图 5 – 5（g）所示。

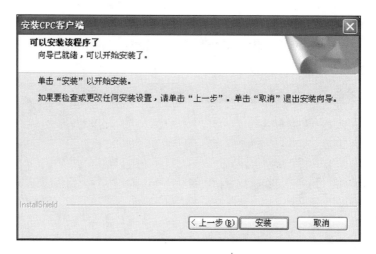

图 5 - 5( g)　安装客户端 7

第七步：点击【完成】，完成客户端的安装，如图 5 - 5（h）所示。

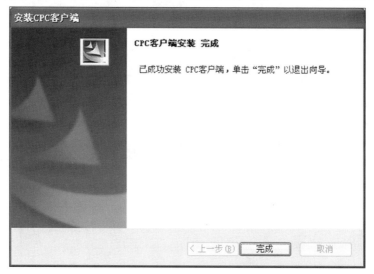

图 5 - 5( h)　安装客户 8

## 四、客户端升级

电子申请网站将不定期发布客户端升级程序，用户可根据实际情况选择恰当的升级方式升级客户端。客户端的升级方式包括在线升级和离线升级，安装客户端过程中同时安装客户端升级程序。在线升级是指通过设置客户端升级程序，在互联网连通的状态下进行的客户端升级。离线升级是指通过下载离线升级包，运行升级程序，从而实现客户端升级。

## （一）在线升级

第一步：检查计算机软件环境。

升级时应关闭 360 等防火墙和杀毒工具，建议取消上述软件开机自启动设置，重新启动计算机，保证计算机中此类软件后台进程处于关闭状态。

检查电子申请客户端升级程序是否已经启动。在 Windows 桌面任务栏的右下角点击蓝色显示器图标，或者点击系统桌面的开始菜单栏（Windows），选择程序→gwssi→CPC 升级程序，打开客户端升级程序，如图 5 - 6、图 5 - 7 所示。

**图 5 - 6　开始菜单栏中的客户端升级程序**

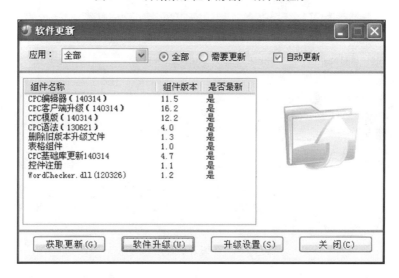

**图 5 - 7　客户端升级程序主界面**

第二步：设置升级程序。

点击升级程序下方【升级设置】按钮，对在线升级周期和地址进行人工设置。点击【升级周期】，根据需要设置每周或每天的升级时间，如图 5 - 8 所示。

**图 5 – 8　在线升级周期设置**

点击【升级地址】，确认 IP 地址为：202.96.46.61，端口号为：7053，如图 5 –9 所示。

**图 5 – 9　在线升级地址设置**

点击【升级代理】，根据本地网络情况进行升级代理设置，无网络代理则选择"不使用代理"。点击【测试】，系统提示"连接成功"，说明网络畅通。点击【确定】，完成客户端在线升级设置，如图 5 –10 所示。

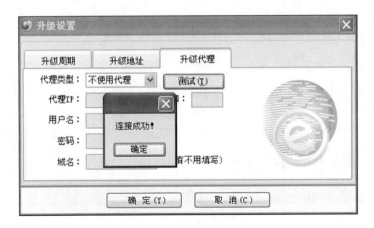

**图 5 – 10　完成升级设置测试**

第三步：在线升级。

依次点击升级程序下方【获取更新】、【软件升级】，即可将客户端升级至最新版本。如需重新升级，可在升级组件列表中点击鼠标右键，选择"重新升级全部组件"。如个别组件升级不成功，可在升级组件列表中选中该组件，点击鼠标右键，选择"重新升级选中组件"，如图 5 – 11 所示。

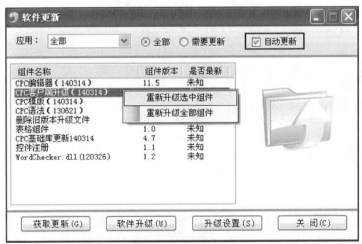

**图 5 – 11　重新升级**

勾选图 5 – 11 升级程序右上方"自动更新"选项，当客户端发布升级程序时，在互联网连通的状态下，升级程序将自动运行，并将客户端升级至最新版本。

## （二） 离线升级

第一步：下载离线升级包。

打开电子申请网，点击首页左下方"工具下载"栏目，在"工具下载"页面中选择并点击最新版"CPC 客户端离线升级包"，如图 5 – 12 所示。

**图 5 – 12   选择离线升级包**

选择"CPC 客户端离线升级包"，点击鼠标右键，选择"目标另存为"，如图 5 – 13 所示。

**图 5 – 13   下载离线升级包**

选择离线升级包在计算机中的存储位置，点击【保存】，完成下载操作，如图 5 – 14 所示。

图 5 – 14　保存离线升级包

第二步：运行离线升级程序。

在电脑中打开已下载的"离线升级包"，将升级包解压缩，如图 5 – 15 所示。

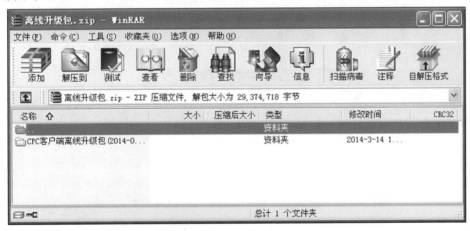

图 5 – 15　离线升级包解压缩

点击离线升级包文件夹中的"OffLineUpdate. exe"，运行离线升级程序，即可将客户端升级至最新版本，升级过程如图 5 – 16 所示。

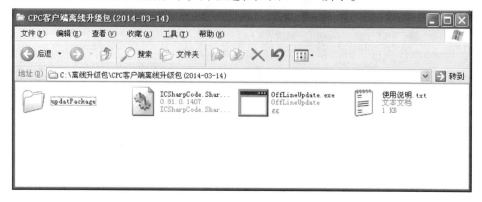

**图 5 – 16　离线升级过程**

**小秘书**：为保证客户端升级的成功率，升级时应注意以下几点：

①升级时应当以管理员权限登录 WINDOWS 操作系统。

②在线升级有时会受本地网络环境的影响，推荐使用离线升级方式。

③使用离线升级方式时，应将"CPC 客户端离线升级包"解压缩，不应在压缩包中直接运行离线升级程序。

# 第二节　用户操作界面

本节主要介绍客户端用户操作界面的相关内容，电子申请编辑器的功能将在文件编辑相关章节中详细介绍。

## 一、主界面

客户端主界面分为控制台、功能菜单、常用功能入口和内容显示区域四部分，如图 5 – 17 所示。

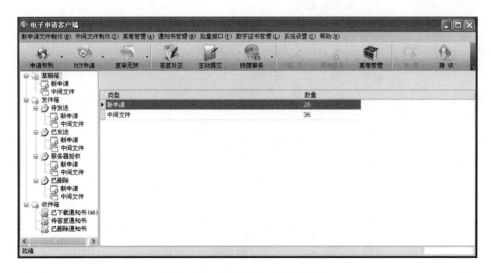

**图 5 – 17　电子申请客户端主界面**

控制台位于主界面左侧下部，以树形菜单方式显示，一级菜单包括：草稿箱、发件箱和收件箱，客户端中保存的全部电子文件和通知书按类别显示在控制台菜单的相应节点目录下。

功能菜单位于主界面最上方，一级菜单包括：新申请文件制作、中间文件制作、案卷管理、通知书管理、批量接口、数字证书管理、系统设置和帮助。

常用功能入口以大图标的形式排列在功能菜单的下方，具体包括：申请专利、PCT 申请、复审无效、答复补正、主动提交、快捷事务、签名、取消签名、案卷管理、发送和接收。

内容显示区域位于常用功能入口下方，点击控制台树形菜单中的子节点，则选中节点目录下的全部文件信息将在内容显示区域以列表的形式显示，双击文件名称可以查看文件的详细内容。

## 二、控制台

控制台树形菜单如图 5 – 18 所示。

### （一）草稿箱

草稿箱包括：新申请和中间文件两个目录。

新申请目录下显示处于编辑阶段的新申请案件。中间文件目录下显示处于编辑阶段的申请后提交的案件。

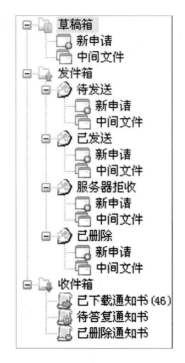

图 5-18 控制台

草稿箱中的案件，在主界面内容显示区域案件列表中显示以下属性：选择标记（已选中或未选中）、发明创造名称、系统默认案件号、案件内文件序号、文件名称、申请类型、表格代码、创建时间、文件状态和备注等。

（二）发件箱

发件箱包括：待发送、已发送、服务器拒收和已删除四个子目录，每个子目录下包含新申请和中间文件两个目录。

待发送目录下显示草稿箱中已经签名成功的电子申请案件；已发送目录下显示已发送成功的电子申请案件；服务器拒收目录下显示发送不成功被服务器拒收的电子申请案件，对服务器拒收目录下的案件进行"取消签名"操作后，案件可以返回到草稿箱中继续编辑；已删除目录下显示发件箱其他目录中删除的电子申请案件。

（三）收件箱

收件箱包括：已下载通知书、待答复通知书和已删除通知书三个子目录。

已下载通知书目录下显示通过客户端接收的电子回执和电子通知书；待答复通知书目录下显示通过客户端接收且尚未进行过答复操作的通知书；已删除通知书目录下显示收件箱其他目录中删除的电子申请回执和电子通知书。

（四）工具栏

在客户端控制台中选择指定目录，在案件列表上方显示一行工具栏，其中包括查询选项、搜索选项、格式校验、费用试算、修改、删除、导入和导出等功能，如图 5 – 19 所示。

图 5 – 19　工具栏

1. 查询选项

通过查询选项可以按照专利申请类型查询案件列表中的案件，选择案件类型，则当前界面上将显示该目录下所选案件类型的案件，如图 5 – 20 所示。

2. 搜索选项

通过搜索选项可以按照发明名称、案件名称、申请号等条件搜索案件列表中的案件，选择查询条件，相应的搜索栏变为可输入的文本框，输入查询内容，点击【搜索】，则界面上显示该目录下，符合搜索条件的案件，如图 5 – 21 所示。

图 5 – 20　查询选项

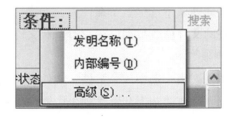

图 5 – 21　搜索选项

3. 格式校验

在案件列表中选中一个案件后，点击【格式校验】，系统将自动对该案件中的文件进行格式校验，显示未通过校验的项目及出错信息等，帮助用户完成电子申请文件的编辑，如图5-22所示。

图5-22　格式校验

4. 费用试算

在新申请案件列表中选中一个案件后，点击【费用试算】，系统将自动对该案件申请阶段将要缴纳的费用进行计算，如图5-23所示。

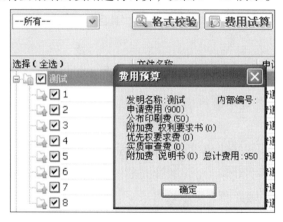

图5-23　费用试算

5. 修改

在案件列表中选中一个案件后，点击【修改】，系统将打开编辑器，进入已选案件的文件修改界面，用户可以对文件进行编辑、修改等操作。

6. 删除

在案件列表中选中一个案件、文件或通知书后，点击【删除】，可以将已选案件、文件或通知书从案件列表中删除。

7. 导出

在案件列表中选中一个或多个案件、文件或通知书后，点击【导出】，可以将已选案件、文件或通知书以ZIP文件格式导出并保存到计算机指定位置。对于ZIP文件解压后的文件格式，用户可以根据需要，选择客户端中文件的原始格式或DOC格式，如图5-24所示。

图 5-24 导出

8. 导入

在草稿箱或收件箱的新申请或中间文件目录下，选中右侧案件列表中的一个案件，点击【导入】，选择【导入案卷】或【导入文件】，可以将符合客户端导入格式的案件、文件或通知书导入到相应目录中，如图 5-25 所示。

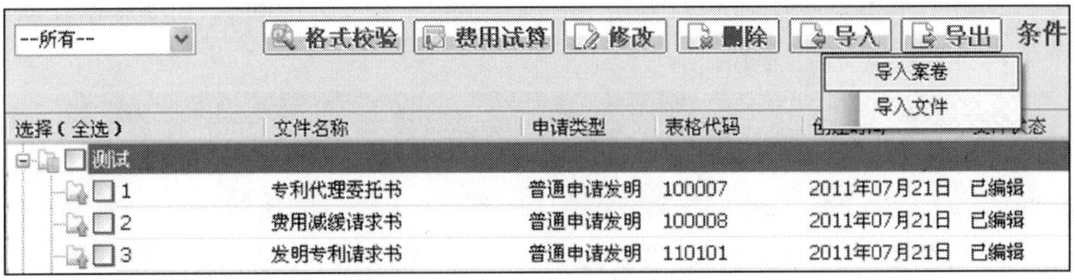

图 5-25 导入

9. 打印通知书

在收件箱中选中一个通知书，点击【打印】，可以打印指定通知书。打印前应确认当前电脑已连接打印机。

### 三、功能菜单

#### （一）新申请文件制作

电子申请文件的编辑是客户端的主要功能之一。新申请文件制作菜单包括：发明专利申请文件的编辑、实用新型专利申请文件的编辑、外观设计专利申请文件的编辑、进入国家阶段的发明专利申请文件的编辑、进入国家阶段的实用新型专利申请文件的编辑、复审请求文件的编辑和无效宣告请求文件的编辑七个子菜单。点击子菜单，系统自动打开编辑器，进入选定类型电子申请文件的编辑界面，菜单内容如图 5-26 所示。

**图 5-26　新申请文件制作菜单**

## （二）中间文件制作

中间文件制作菜单中包括：答复补正、主动提交和快捷事务子菜单，快捷事务又包括中止请求、实审请求、恢复请求、延长期限、撤回声明五个子菜单。点击子菜单，系统自动打开编辑器，进入选定类型中间文件的编辑界面，菜单内容如图 5-27 所示。

**图 5-27　中间文件制作菜单**

## （三）案卷管理

客户端提供简单的案卷管理功能，包括对系统中所有已发送、未发送的案件，已下载通知书的查询、导入和导出等。点击客户端主界面上方的【案卷管理】，进入案卷管理界面，如图 5-28 所示。

1. 案卷查询

在案卷管理界面左上方可以输入查询条件，如申请类型、申请号、发明创造名称等。点击【查询】，在界面左下方显示案卷查询结果；不输入查询条件，直接点击【查询】，可以查看客户端中的全部案卷。输入申请号时，注意不要输入申请号最后一位校验位前的"．"。在左下方案卷列表中点击一个文

**图 5－28　案卷管理界面**

件或通知书，界面右侧将显示该文件或通知书的内容。

2. 案卷导入

在案卷管理界面左下方案卷列表中选择一个案卷的新申请文件、中间文件或通知书，点击界面上方的【案卷导入】，可以将指定文件或通知书导入至相应案卷中。导入的案卷包必须符合客户端导入文件的格式要求，如图 5－29 所示。

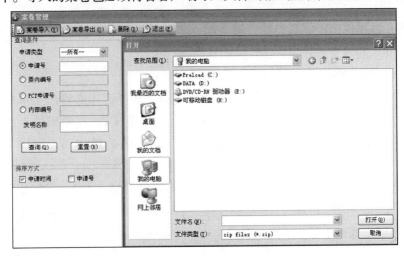

**图 5－29　案卷导入**

3. 案卷导出

在案卷管理界面左下方案卷列表中选择一个案卷下的新申请文件、中间文件或通知书，点击界面上方的【案卷导出】，可以将指定文件或通知书导出，保存至计算机指定位置，如图 5 – 30 所示。

图 5 – 30　案卷导出

## （四）通知书管理

客户端提供电子通知书的管理功能，通知书管理菜单包括：通知书下载、通知书导入和通知书导出。

1. 通知书下载

用户应当及时通过客户端下载电子通知书。选择通知书管理菜单中的通知书下载子菜单，或点击客户端主界面右上方【接收】，在弹出的界面中点击【获取列表】，在下载列表中将显示所有待下载的通知书，如图 5 – 31 所示。

在下载列表中选中需要下载的通知书，点击【开始下载】，即开始下载相应的通知书。按住【shift】键点击下载列表中的多个通知书，点击【开始下载】，可以完成多个通知书的下载。

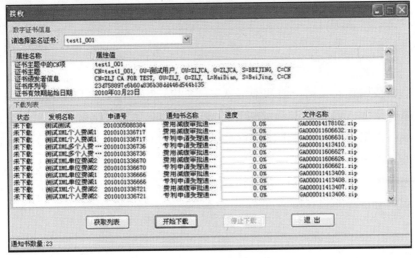

图 5 - 31　通知书下载

2. 通知书导入

选择通知书管理菜单中的通知书导入子菜单，在计算机中选择要导入的通知书，系统自动将通知书导入到收件箱已下载通知书界面相应的通知书目录下，导入的通知书必须符合客户端导入文件的格式要求，如图 5 - 32 所示。

图 5 - 32　通知书导入

3. 通知书导出

在已下载通知书目录中选择一个或多个案卷的通知书，选择通知书管理菜单中的通知书导出子菜单，可以将选中的通知书导出至计算机的指定位置，如图 5 - 33 所示。

图 5 - 33 通知书导出

## （五）批量接口

批量接口主要包括：通知书信息扩展、电子申请离线客户端功能控制、请求表格批量导入、通知书信息接口扩展、通知书批量导出等内容。通过该接口，能够提供与电子申请系统进行批量数据交互的接口服务，有助于提高代理机构使用电子申请的便利性。

关于批量接口功能的具体介绍已发布在电子申请网站"工具下载"栏目中，用户可自行下载查看。

## （六）数字证书管理

数字证书管理功能用于查看电脑中已安装的电子申请用户数字证书，同时用户可以指定电子签名时默认使用的数字证书。选择数字证书管理中的证书管理子菜单，可以打开证书查看器，在数字证书列表中将显示当前电脑中所有的电子申请用户数字证书，包括数字证书名称、颁发者和截止日期等信息，如图 5 - 34 所示。

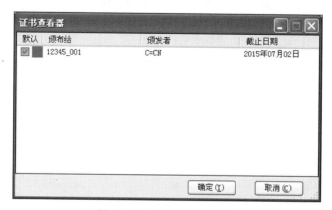

图 5 - 34 数字证书查看器

## （七）系统设置

系统设置菜单中包含与客户端设置有关的功能子菜单，包括代理机构和代理人设置、数据备份及数据还原、系统升级设置、系统相关选项设置和垃圾文件清理等，如图5-35所示。

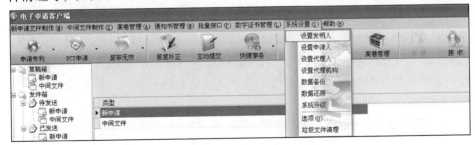

图5-35　系统设置

1. 设置发明人

在系统设置菜单中选择设置发明人子菜单，可以在发明人信息列表中添加发明人信息，当用户编辑专利请求书等文件时，选择导入发明人信息功能，即可在文件中自动添加发明人信息，无需每次重复编辑。

添加发明人信息时，点击界面下方【增加】，在弹出的对话框中输入要添加的发明人姓名、英文姓名、身份证号、国籍、不公布姓名标记等信息，点击【确定】，完成发明人的设置，已添加的发明人信息将在发明人列表中显示。用户也可以对已添加的发明人信息进行删除、修改等操作，如图5-36所示。

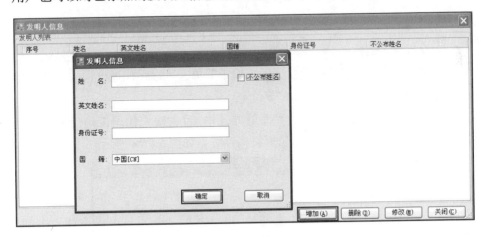

图5-36　设置发明人

2. 设置申请人

在系统设置菜单中选择设置申请人子菜单，可以在申请人信息列表中添加申请人信息，当用户编辑专利请求书等文件时，选择导入申请人信息功能，即可在文件中自动添加申请人信息，无需每次重复编辑。

添加申请人信息时，点击界面下方【增加】，在弹出的对话框中输入要添加的申请人姓名和名称、申请人类型、国籍或注册国家（地区）、用户注册代码等信息。点击【确定】，完成申请人的设置，已添加的申请人信息将在申请人列表中显示。用户也可以对已添加的申请人信息进行删除、修改等操作，如图 5 - 37 所示。

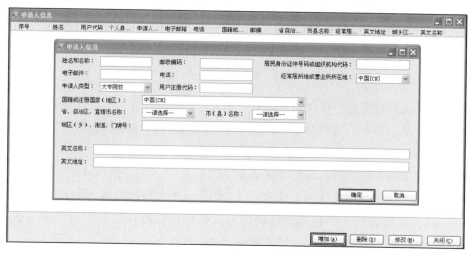

**图 5 - 37   设置申请人**

3. 设置代理机构

在系统设置菜单中选择设置代理机构子菜单，可以在代理机构信息列表中添加代理机构信息。

添加代理机构信息时，点击界面下方【增加】，输入代理机构代码和代理机构名称，点击【保存】，完成代理机构设置，如图 5 - 38 所示。

**图 5 - 38   设置代理机构**

### 4. 设置代理人

在系统设置菜单中选择设置代理人子菜单，可以在代理人信息列表中添加常用的代理人信息，当用户编辑专利请求书、专利代理委托书等文件时，选择导入代理人信息功能，即可自动添加代理机构和代理人信息，无需每次重复编辑。

添加代理人信息时，点击界面下方【增加】，在弹出的对话框中输入要添加的代理人姓名、电话、工作证号等信息。点击【确定】，完成代理人的设置，已添加的代理人信息将在代理人列表中显示。用户也可以对已添加的代理人信息进行删除、修改等操作，如图 5 – 39 所示。

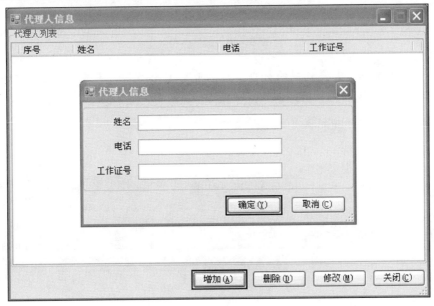

**图 5 – 39　设置代理人**

🔖 **小秘书**：必须完成代理机构设置后，才能进行代理人的设置。

### 5. 数据备份

客户端提供数据备份功能，此功能可以将客户端中的全部电子申请数据以 ZIP 文件的形式导出至计算机的指定位置。用户重新安装计算机操作系统时，可使用此功能完成现有数据的备份。

操作时在系统设置菜单中选择数据备份子菜单，指定文件的保存路径，点击【保存】即可，如图 5 – 40 所示。

图 5 - 40　数据备份

　　🖋 **小秘书**：客户端中的数据备份功能为完全备份，没有增量备份功能，备份当前客户端中的全部数据，因此备份时间较长，用户也可以使用客户端的导出功能实现电子申请案卷和通知书的增量备份。

　　6. 数据还原

　　用户通过数据备份功能导出备份案件包后，可以通过数据还原功能将已备份的内容重新导入到客户端中。操作时在系统设置菜单中选择数据备份子菜单，在电脑中选择要还原的文件，点击【打开】，系统即可自动完成数据还原，如图 5 - 41 所示。

　　🖋 **小秘书**：使用数据还原功能还原数据后，客户端原有的数据将被覆盖，用户须谨慎操作。

图 5 - 41　数据还原

7. 系统升级

选择系统设置菜单中的系统升级子菜单，可以打开系统在线升级工具，完成客户端的升级和相关设置，在线升级的操作方法参见本章第一节中关于在线升级的相关内容。

8. 选项

选择系统设置菜单中的选项子菜单，可以进行系统相关功能的设置，包括：申请模式设置、网络地址设置、网络代理设置、网络状态、费用预算、系统功能配置等。

（1）申请模式

在申请模式设置界面，可以选择客户端表格模板的编辑方式和数字证书目录，如图 5－42 所示。

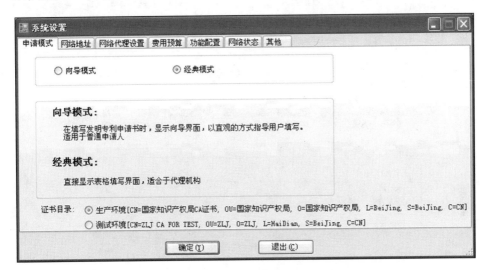

图 5－42 系统设置

客户端表格模板的编辑方式包括经典模式和向导模式，经典模式下表格模板的展示方式与纸件申请的表格样式基本一致，如图 5－43 所示。

向导模式下部分表格模板的展示方式采用各栏目分页显示，以发明专利请求书为例，每个编辑界面中对必填项等内容用红色字体进行标注，可以指导用户填写表格，如图 5－44 所示。

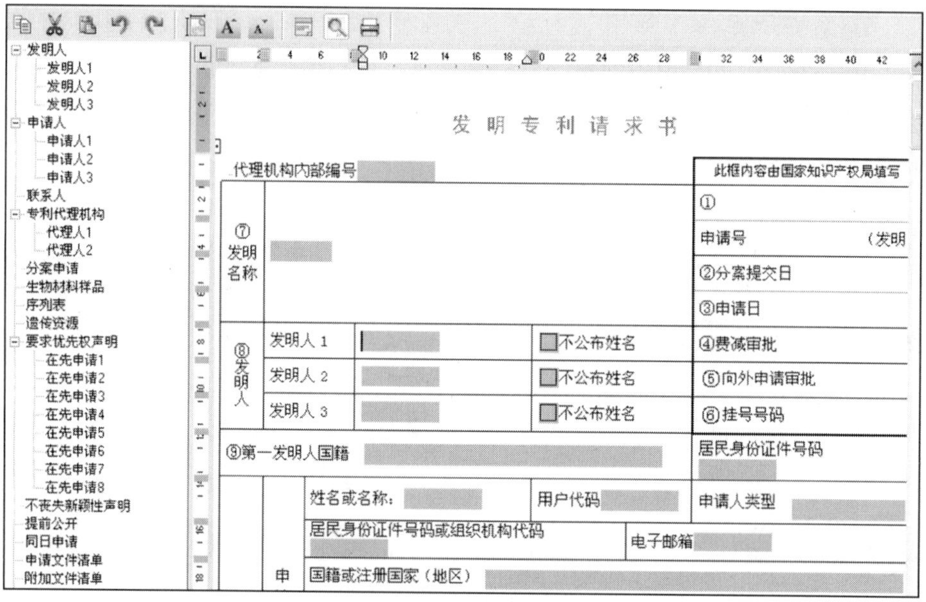

图 5 - 43　经典模式

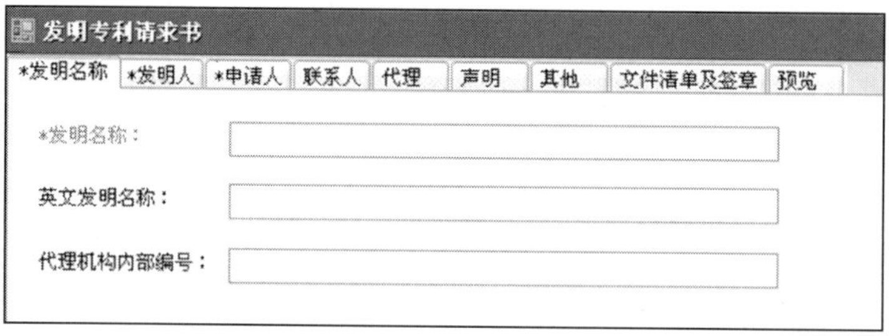

图 5 - 44　向导模式

数字证书目录选项包括：生产环境和测试环境，用户正式提交专利电子申请时应当选择"生产环境"，如图 5 - 42 所示。

（2）网络设置

在网络地址界面，选择服务地址一栏，可在服务器地址中选择 IP 地址，如图 5 - 45 所示。

线路一 IP 地址：202. 96. 46. 61，端口号 7053；

线路二 IP 地址：219. 143. 201. 61，端口号 7053；

线路三 IP 地址：220. 194. 38. 5，端口号 7053；

线路四 IP 地址：218. 205. 179. 230，端口号 7053。

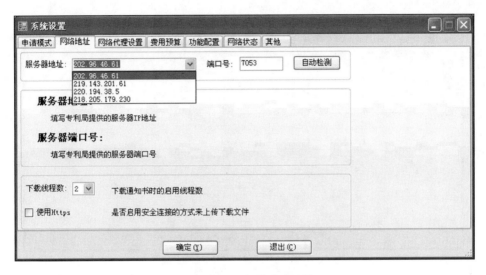

**图 5－45　服务器地址设置**

（3）网络代理设置

在网络代理设置界面，可以根据本地网络情况进行网络代理设置，无网络代理则选择不使用代理，如图 5－46 所示。

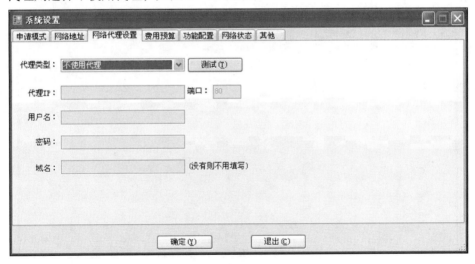

**图 5－46　网络代理设置**

（4）费用预算

费用预算页面显示当前部分专利申请费用的计算方式，可供用户参考，如图 5－47 所示。

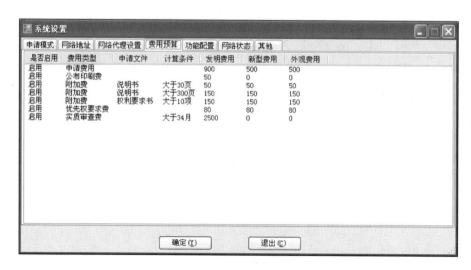

**图 5 - 47　费用预算**

（5）系统功能配置

在功能配置页面，可以对客户端的功能进行设置，用户可以根据需要分别选择编辑、发送、接收功能，也可以选择全部功能，没有勾选的功能菜单将在客户端主界面隐藏，如图 5 - 48 所示。

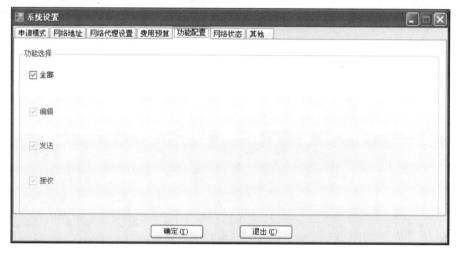

**图 5 - 48　功能配置**

（6）网络状态

网络状态页面可以显示两条网络线路的信号状况，用户可根据信号的强弱选择适合的 IP 地址。点击右下角【刷新网络】按钮，网络状态栏会发生变化，

可以连通的网络会以信号格形式显示。找到自己需要连接的网络，点击右侧的
【选择】，点击【退出】，网络设置完成，如图 5 – 49 所示。

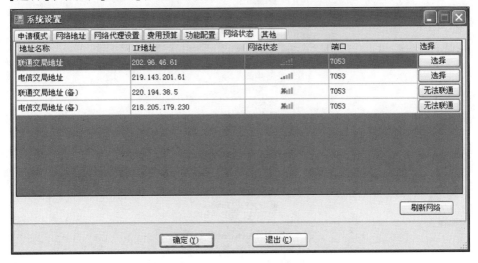

图 5 – 49　网络状态

（7）其他选项

在其他选项页面可以选择 DockPanel 样式，即：电子申请编辑器左侧文档
框的展示方式，如图 5 – 50、图 5 – 51 所示。

图 5 – 50　DockPanel 展开式

**图 5 −51　DockPanel 折叠式**

在其他选项页面还可以设置数字证书密码输入方式，勾选"记住密码"选项后，用户每次使用数字证书签名时，无需输入密码，如图 5 −52 所示。

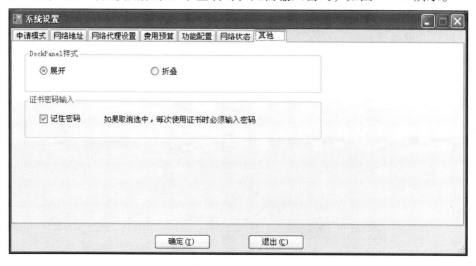

**图 5 −52　其他选项**

9. 垃圾文件清理

选择系统设置中的垃圾文件清理子菜单，可以根据系统弹出的提示选择清除垃圾文件。通过此功能系统可以自动清理客户端中的垃圾文件，如图 5 −53 所示。

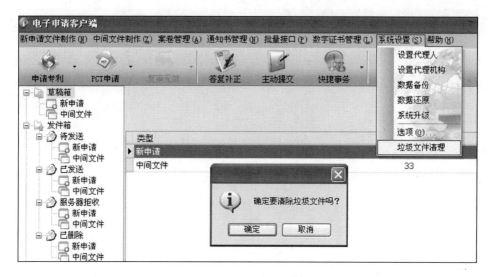

图 5 – 53　垃圾文件清理

## （八）帮助

客户端帮助菜单提供客户端使用的用户使用手册、升级说明和关于信息，如图 5 – 54 所示。

图 5 – 54　帮助

1. 用户使用手册

用户使用手册包括：目录、索引、搜索和书签四个标签页，提供用户关于客户端的使用说明，如图 5 – 55 所示。

2. 升级说明

升级说明里详细记录了客户端历次升级的日志，便于用户及时了解客户端的更新内容，如图 5 – 56 所示。

3. 关于

关于是对客户端系统版权的说明，如图 5 – 57 所示。

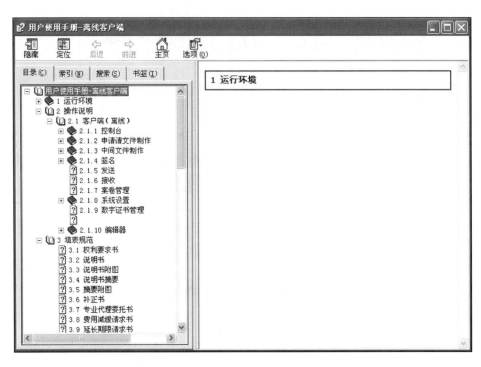

图 5-55　用户使用手册

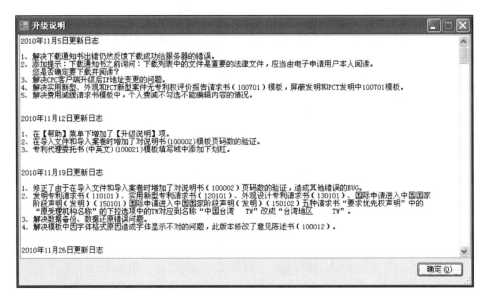

图 5-56　升级说明

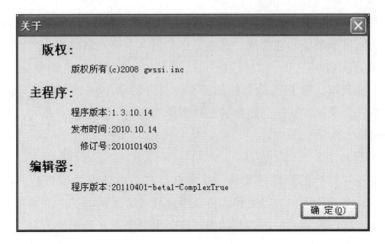

图 5 –57　关于界面

## 四、常用功能入口

　　客户端功能菜单下方大图标是客户端的常用功能入口，包括：与新申请相关的申请专利、PCT 申请和复审无效；与中间文件相关的答复补正、主动提交和快捷事务；与电子签名有关的签名和取消签名；与文件收发有关的发送和接收以及案卷管理。操作时直接点击大图标，即可打开相应界面。其中，申请专利、PCT 申请、复审无效和快捷事务图标下包含多个子菜单，操作时需点击图标右侧箭头，选择子菜单，即可打开相应界面，如图 5 –58 所示。

图 5 –58　常用功能入口

　　常用功能入口中图标菜单的具体功能如下。

　　1. 申请专利

　　点击【申请专利】图标右侧的箭头，打开的子菜单分别是发明专利申请、实用新型专利申请和外观设计专利申请。子菜单功能与新申请文件制作的同名子菜单功能相同，具体操作参见本书第六章的相关内容。

　　2. PCT 申请

　　点击【PCT 申请】图标右侧的箭头，打开的子菜单分别是进入国家阶段的发明专利申请、进入国家阶段的实用新型专利申请。子菜单功能与新申请文件制作的同名子菜单功能相同，具体操作参见本书第六章的相关内容。

3. 复审无效

点击【复审无效】图标右侧的箭头，打开的子菜单分别是复审请求、无效宣告请求。子菜单功能与新申请文件制作的同名子菜单功能相同，具体操作参见本书第七章的相关内容。

4. 答复补正

点击【答复补正】图标菜单，系统自动打开电子申请编辑器，进入中间文件的编辑界面，用户可以选择客户端中接收或导入的电子申请通知书，针对通知书内容进行答复或补正，具体操作参见本书第八章的相关内容。

5. 主动提交

点击【主动提交】图标菜单，系统自动打开电子申请编辑器，进入中间文件的编辑界面，用户可以直接输入专利申请基本信息，在客户端中建立中间文件案卷，具体操作参见本书第八章的相关内容。

6. 快捷事务

点击【快捷事务】右侧的箭头，打开的子菜单分别是中止请求、实审请求、恢复请求、延长期限、撤回声明。点击子菜单，系统自动打开电子申请编辑器，进入选定类型中间文件的编辑界面，子菜单功能与通过答复补正或主动提交的方式制作同类型中间文件相同。

7. 签名

在草稿箱各目录中选择一个或多个待签名的案卷，点击【签名】图标菜单，即可进入签名界面，对已选定的案件进行电子签名，签名成功的案卷将在发件箱待发送目录中显示，具体操作参见本书第九章的相关内容。

8. 取消签名

在发件箱待发送目录中选择一个或多个已签名的案件，点击【取消签名】图标菜单，即可对已选定的案件取消签名，取消签名的案件将回到草稿箱的目录中，具体操作参见本书第九章的相关内容。

9. 案卷管理

点击【案卷管理】图标菜单，即可进入客户端案卷管理界面，对客户端中的案卷、通知书等进行查询、导入和导出。

10. 发送

在发件箱待发送目录中选择一个或多个已签名的案卷，点击【发送】图标菜单，即可提交案卷发送请求，具体操作参见本书第九章的相关内容。

11. 接收

点击【接收】图标菜单，即可进入电子发文接收界面，具体操作参见本书第九章的相关内容。

# 第六章　新申请文件的编辑

## 第一节　概　述

### 一、何谓"新申请"

针对一项发明创造，首次向国家知识产权局专利局提出的申请，称为"新申请"。传统意义上的新申请，包括普通国家申请的发明、实用新型、外观设计专利申请。本书中提到的新申请，还包括国际申请进入中国国家阶段的发明和实用新型专利申请，以及复审请求和无效宣告请求；不包括国际申请、集成电路布图设计、行政复议等，针对这些请求，国家知识产权局专利局有专门的渠道接收，本书不做介绍。

### 二、新申请的必要文件

本章主要介绍新申请，即发明、实用新型、外观设计专利申请以及国际申请进入中国国家阶段的发明和实用新型专利申请的必要文件的编辑。用户在制作上述各类新申请时，应当清楚提出这些申请需要提交哪些必要的文件。

申请发明专利，应当提交发明专利请求书、权利要求书、说明书、说明书摘要，必要时应当同时提交说明书附图及摘要附图，涉及核苷酸或氨基酸序列表的应当同时提交说明书核苷酸或氨基酸序列表。

申请实用新型专利，应当提交实用新型专利请求书、权利要求书、说明

书、说明书附图、说明书摘要、摘要附图。

　　申请外观设计专利，应当提交外观设计专利请求书、外观设计图片或照片以及外观设计简要说明。

　　申请国际申请进入中国国家阶段的发明专利，应当提交国际申请进入中国国家阶段声明、权利要求书、说明书、说明书摘要，必要时应当同时提交说明书附图及摘要附图，涉及核苷酸或氨基酸序列表的应当同时提交说明书核苷酸或氨基酸序列表。

　　申请国际申请进入中国国家阶段的实用新型专利，应当提交国际申请进入中国国家阶段声明、权利要求书、说明书、说明书摘要、说明书附图和摘要附图。

　　用户还应当清楚，发明或者实用新型专利申请缺少请求书、说明书（实用新型无附图）、权利要求书，或者外观设计专利申请缺少请求书、图片或者照片、简要说明，是《专利法实施细则》中明确规定的专利申请的不受理条件，提交新申请前应当认真进行核实。

### 三、客户端编辑新申请文件的入口

　　目前客户端提供的新申请文件编辑入口在页面的左上角，如图 6 - 1 所示。

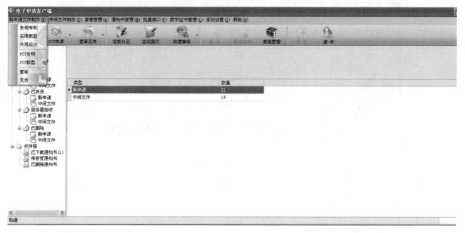

图 6 - 1　新申请文件编辑入口

　　用户可以点击【新申请文件制作】，选择需要制作的新申请类型，"发明专利"、"实用新型"、"外观专利"、"PCT 发明"、"PCT 新型"、"复审"、"无效"，系统自动打开编辑器界面，根据申请类型显示需要制作的文件模板。以选择"发明专利"为例，下图展示的是系统自动打开的编辑器界面，如图 6 - 2 所示。

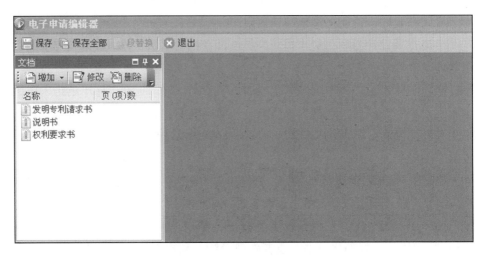

图 6 - 2 电子申请编辑器

客户端还提供了一些快捷入口，点击【申请专利】图标右侧的向下三角箭头，可以快捷地选择"发明专利"、"实用新型"、"外观设计"三种普通国家申请的专利类型，并进入相应的编辑器界面，如图 6 - 3 所示。

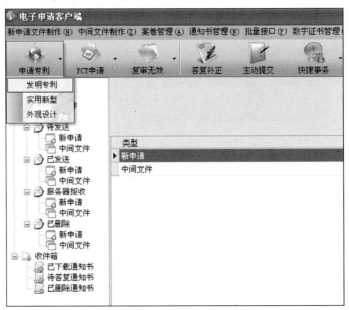

图 6 - 3 客户端申请专利快捷入口

点击【PCT 申请】图标右侧的向下三角箭头，可以快捷地选择"PCT 发明"、"PCT 新型"两种国际申请进入中国国家阶段的专利申请类型，并进入相应的编辑器界面，如图6-4所示。

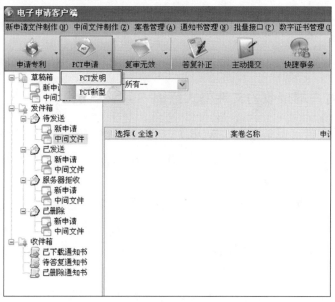

**图6-4 客户端PCT申请快捷入口**

点击【复审无效】图标右侧的向下三角箭头，可以快捷地选择"复审"、"无效"两种类型，进入相应的编辑器界面，如图6-5所示。

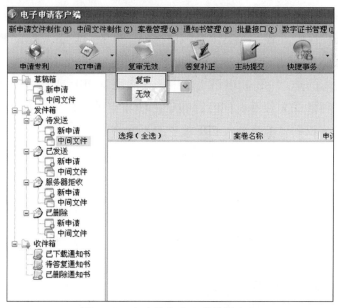

**图6-5 客户端复审无效快捷入口**

# 第二节　电子申请文件格式的要求

## 一、客户端接收的文件格式范围

新申请文件可以是 XML、WORD、PDF 三种格式的文件。客户端提供的电子表格模板，如发明专利请求书、说明书、费用减缓证明、意见陈述书等，保存后，均以 XML 格式存储。

XML 是一种用于标记电子文件使其具有结构性的标记语言，这种文件格式目前被广泛应用在世界上多个国家的专利局的电子申请系统中，有条件的用户也可以根据专利局提供的 XML 标准，自行生成符合规范的 XML 文件。

除了 XML 格式，针对发明和实用新型专利申请文件中的权利要求书、说明书、说明书附图、说明书摘要、摘要附图、说明书核苷酸或氨基酸序列表等申请文件，客户端提供了 WORD、PDF 的文档导入功能，事先已经编辑好这两种格式文件的，可以直接通过客户端的模板导入功能，将文件导入，不允许再在客户端编辑。目前，允许提交 PDF 格式的文件也是世界上多个国家的专利局采用的文件接收方式，如美国专利商标局，就要求申请人提交 PDF 格式的电子申请文件。

需要注意的是，一份新申请文件中，只能用 WORD 或者 PDF 格式文件中的一种，两种格式文件不能同时存在于一份新申请文件中。如：说明书导入 WORD 文件，权利要求书导入 PDF 文件是不允许的。

另外，除了新申请文件，客户端也允许一些页数较多的证明类的文件提交 PDF 格式的文件，以简化这些文件的编辑过程。具体的操作在本书第八章第十节中详细介绍可以参考。

## 二、电子申请文件格式要求

### （一）XML 文件格式要求

使用客户端直接保存成功的 XML 文件是符合文件格式规范的。如果有的用户选择自己生成 XML 格式的文件，则应当注意下面的文件格式要求。

1. 字符集

编辑 XML 文件时，应使用 GB18030 字符集范围以内的字符，不应使用自造字。

2. 图片

XML 文件引用的图片格式应为 JPG、TIFF 两种格式；说明书附图的图号应以文字形式表示，不应包含在图片中；外观图片或照片大小不应超过 150mm × 220mm，其他图片大小不应超过 165mm × 245mm；图片或照片分辨率应为 72～300DPI。

3. 数学公式和化学公式

XML 文件中的数学公式、化学公式，应以图片方式提交。

4. 表格

XML 文件中的 N×M 表格及表头有合并单元格的表格，可以用编辑器编辑提交，其他表格应以图片方式提交。

5. 段号和权项号

新申请 XML 文件中的说明书段号和权项号由系统自动生成。

申请后提交的 XML 格式文件说明书段号应以 4 位数字编号；权利要求书权项号应以阿拉伯数字编号。

## （二）WORD、PDF 文件格式要求

1. 文件范围

发明专利申请和实用新型专利申请的权利要求书、说明书、说明书摘要、摘要附图、说明书附图等，可以提交 MS－WORD、PDF 格式文件。

2. 版本

MS－WORD 文件应为 2003、2007、2010 版本的 doc 和 docx 文件；PDF 文件应为符合 PDF Reference Version 1.3（含）以上版本的文件。

3. 权限

MS－WORD 文件不应设置密码保护、文档保护功能。

PDF 文件应具有打印权限，不应设置加密功能。

4. 字符集

应使用 GB18030 字符集范围以内的字符，不应使用自造字。

5. 图片

图片大小应限定在单页内，不应包含灰度图和彩图。

6. 版式要求

说明书不应添加任何形式的段落编号，文档页面设置应为纵向 A4 纸大小。所有文件应符合《专利审查指南 2010》相关要求。

7. 其他要求

MS – WORD、PDF 文件中，不应含有水印、宏命令、嵌入对象、超链接、控件、批注、修订模式等。

# 第三节　专利请求书的编辑

## 一、发明专利请求书的编辑

发明专利请求书应当在中文语言环境下填写。外国人姓名、名称、地名无统一译文时，应当同时在请求书英文信息栏中注明。

发明专利请求书中的发明人、申请人、优先权等填写项超过请求书给定的项数时，多出的部分将显示在请求书后面的附页中。

虽然是电子申请，请求书中申请人、专利代理机构、联系人的详细地址，应当符合信件能够迅速、准确投递的要求。

### （一）经典模式下的编辑

双击编辑器界面左侧文档栏的发明专利请求书，则系统自动打开发明专利请求书模板，如图 6 – 6 所示。

1. 发明名称

发明专利请求书的第⑦栏是发明名称栏。填写时，直接在表格相应位置输入发明名称，发明名称应当简短、准确，一般不得超过 25 个字。发明名称应与说明书中填写的发明名称一致。

如果发明名称中含有上下角标，应当将光标定位在填写需要标注上角标或下角标的位置，如图 6 – 7 所示。

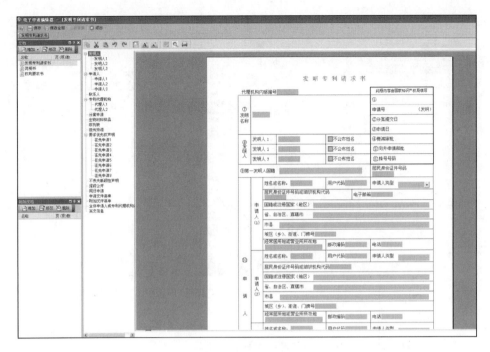

图 6－6　发明专利请求书模板

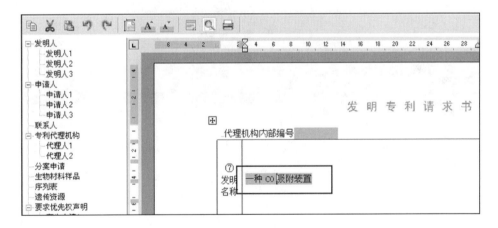

图 6－7　编辑上下角标前光标的位置

点击编辑器页面上方工具栏中倒数第三个黄色的【表格向导功能键】，在下拉列表中选择【上下角标】，如图 6－8 所示。

接着，在弹出的对话框中选择【上标】或者【下标】，输入角标内容，点击【确定】即可，如图 6－9、图 6－10 所示。

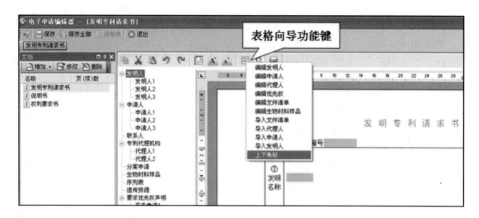

图 6 - 8　编辑上下角标

图 6 - 9　插入下角标

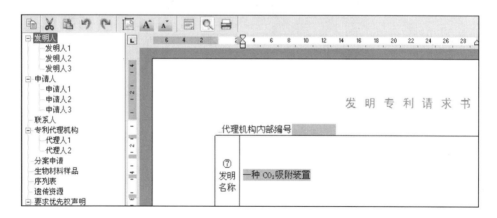

图 6 - 10　下角标插入位置

2. 发明人

发明专利请求书的第⑧栏是发明人栏。包括：发明人姓名填写栏和不公布姓名标记。

发明人应当是个人，发明专利请求书中不得填写单位或者集体，例如不得写成"××课题组"等。发明人应当使用本人真实姓名，不得使用笔名或者其他非正式的姓名。

发明人可以请求国家知识产权局不公布其姓名。若请求不公布姓名，应当在此栏所填写的相应发明人后面勾选不公布姓名标记。如果发明人是外国人，且外国人姓名无统一译文时，应当同时在发明专利请求书英文信息表中注明。

如果发明人姓名中有圆点，如 M·琼斯，圆点应置于中间位置，可以在微软拼音输入法下，同时按下"Shift"和"2"，打出符合规定的圆点。

1）编辑发明人

如果发明人超过三个，可点击编辑器页面上方工具栏中的【表格向导功能键】，在下拉列表中选择"编辑发明人"，如图 6 – 11 所示。

（1）新增发明人

选择"编辑发明人"后，在弹出的对话框中输入发明人姓名，如有英文信息的填写英文信息。选

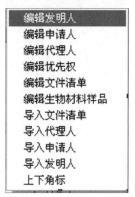

**图 6 – 11　编辑发明人**

择"公布姓名"或"不公布姓名"，点击页面下方的【新增】，点击【退出】按钮，则在发明专利请求书附页中显示新增的发明人信息，如图 6 – 12 所示。

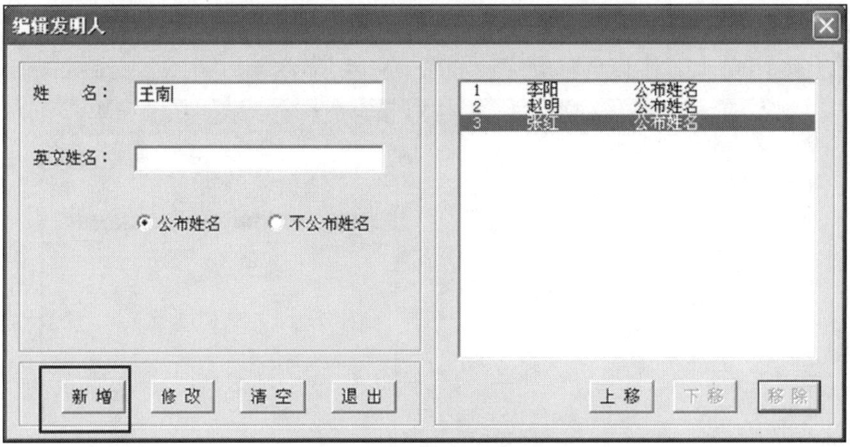

**图 6 – 12　新增发明人**

（2）修改发明人

如需修改发明人信息，可直接在表格中进行修改，也可在"编辑发明人"的对话框中进行修改。具体操作：点击编辑器页面上方工具栏中的【表格向

导功能键】，在下拉列表中选择"编辑发明人"，在弹出的对话框的右侧选中需要修改发明人，在左侧输入修改后的发明人名称，选择"公布姓名"标记，点击页面下方的【修改】按钮即可，如图 6 – 13 所示。

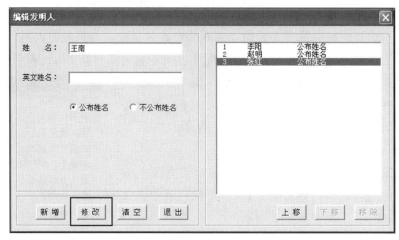

**图 6 – 13   修改发明人**

（3）调整发明人顺序

如需调整发明人顺序，可直接在表格中进行修改，即删除原发明人，填入新发明人。也可在"编辑发明人"的对话框中进行调整。在"编辑发明人"对话框中右侧发明人信息部分，选中需要调整顺序的发明人，点击页面右下方的【上移】或【下移】调整顺序，如图 6 – 14 所示。

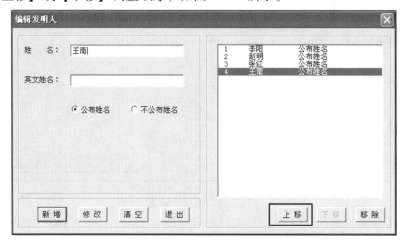

**图 6 – 14   调整发明人顺序**

（4）删除发明人

如需删除发明人信息，可直接在表格中进行删除，也可在"编辑发明人"的对话框中选中需要删除的发明人姓名，点击【移除】按钮进行删除，如图6－15所示。

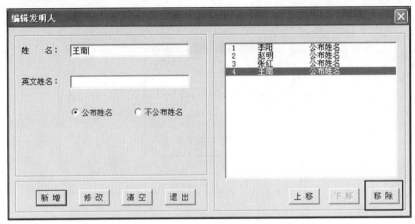

图6－15　删除发明人

2）设置发明人

客户端提供了设置发明人的功能，用户可以提前设置常用的发明人信息，在填写表格的时候直接导入相关发明人即可。具体操作方法如下：

在客户端首页的系统设置栏中选择【设置发明人】，如图6－16所示。

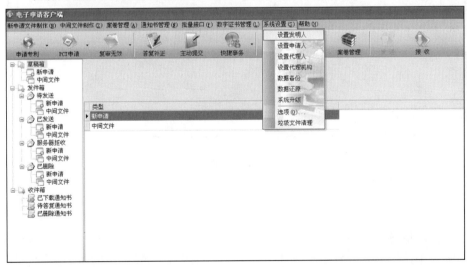

图6－16　设置发明人

在弹出的对话框中点击【增加】，在弹出的"发明人信息"对话框中输入发明人姓名、英文姓名、身份证号和国籍信息，如图 6－17 所示。

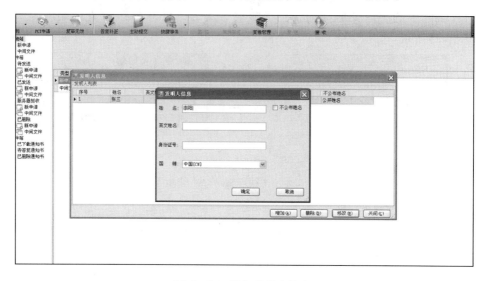

**图 6－17　增加发明人信息**

点击【确定】，则系统成功保存发明人信息，如图 6－18 所示。

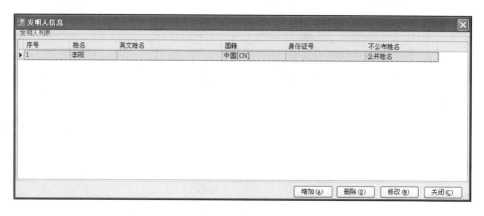

**图 6－18　保存发明人信息**

3）导入发明人

在编辑器上编辑发明专利请求书的发明人栏时，如果需要导入预先设置好的发明人信息，可点击编辑器页面上方工具栏中的【表格向导功能键】，在下拉列表中选择【导入发明人】如图 6－19（a）所示，在弹出的对话框中选择需要导入的发明人信息，点击【确定】，如图 6－19（b）所示。

**图 6 - 19( a)　导入发明人**

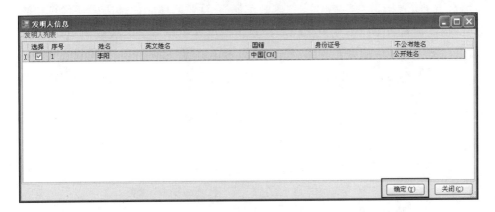

**图 6 - 19( b)　确定导入发明人**

发明人信息将被成功导入至发明专利请求书发明人栏相应位置。

3. 第一发明人国籍和居民身份证件号码

发明专利请求书的第⑨栏应当填写第一发明人国籍，以下拉列表形式供用户选择，用户可直接在下拉列表中选择相应的国籍。也可在填写框直接输入国籍，系统会自动定位到相应的位置，如图 6 - 20 所示。

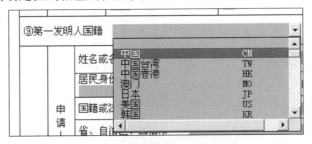

**图 6 - 20　编辑第一发明人国籍**

第一发明人应当同时填写居民身份证件号码。中国内地居民的身份证号末位是"X"的，"X"应当大写。

4. 申请人

发明专利请求书的第⑩栏应当填写申请人信息。申请人是个人的，应当填写本人真实姓名，不得使用笔名或者其他非正式的姓名；申请人是单位的，应当填写单位正式全称，如果是电子申请注册用户的，应当与注册的用户名称一致。

发明专利请求书第⑩栏中申请人的"姓名和名称"、"国籍或注册国家（地区）"、"申请人类型"、"省、自治区、直辖市名称"、"市（县）名称"、"城区（乡）、街道、门牌号"、"邮政编码"为必填项。如果未委托代理机构的，则代表人需要在"用户代码"栏里正确填写用户注册时获取的用户代码。如果已委托代理机构的，则用户代码栏可不用填写。

申请人类型有大专院校、科研单位、工矿企业、事业单位、个人五种类型用于选择。

国籍、省、市等信息均有下拉菜单栏可以选择，可根据实际情况勾选。省市信息填写完全的，可不必在"城区（乡）、街道、门牌号"栏重复填写。如果所在市或县在"市（县）名称"下拉菜单中没有找到，此项可以为空白（不填），在"城区（乡）、街道、门牌号"中填写所在市或县。

1）编辑申请人

如果申请人超过三个人，可点击编辑器页面上方工具栏中的【表格向导功能键】，在下拉列表中选择【编辑申请人】编辑更多申请人，如图 6 - 21 所示。

（1）新增申请人

在弹出的对话框中按照系统提示项输入申请人信息，如有英文信息的填写英文信息，英文的姓名和地址应不超过 256 个字符，点击【新增】。则在发明专利请求书附页中显示新增的申请人信息，如图 6 - 22 所示。

| 编辑发明人 |
| 编辑申请人 |
| 编辑代理人 |
| 编辑优先权 |
| 编辑文件清单 |
| 编辑生物材料样品 |
| 导入文件清单 |
| 导入代理人 |
| 导入申请人 |
| 导入发明人 |
| 上下角标 |

图 6 - 21　编辑申请人

（2）修改申请人

如需修改申请人信息，可直接在表格中进行修改，也可在"编辑申请人"的对话框中进行修改。具体操作：点击编辑器页面上方工具栏中的【表格向

附页

【申请人】

| | | | |
|---|---|---|---|
| 申请人（4） | 姓名或名称：赵明 | 用户代码 | 申请人类型　个人 |
| | 居民身份证件号码或组织机构代码110121198801011234 | | |
| | 国籍或注册国家（地区）　中国 | | |
| | 省、自治区、直辖市　北京市 | | |
| | 市县　海淀区 | | |
| | 城区（乡）、街道、门牌号花园路 99 号 | | |
| | 经常居所地或营业所所在地<br>中国 | 邮政编码100088 | 电话 |

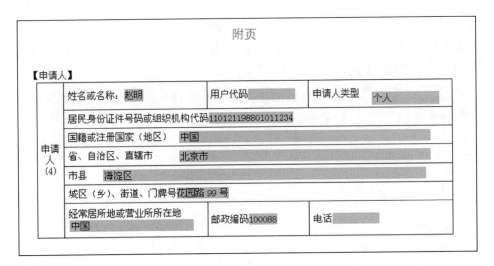

**图 6－22　新增申请人**

导功能键】，在下拉列表中选择“编辑申请人”，在弹出的对话框的右侧选中需要修改的申请人，在左侧输入修改后的信息，点击页面下方的【修改】按钮即可，如图 6－23 所示。

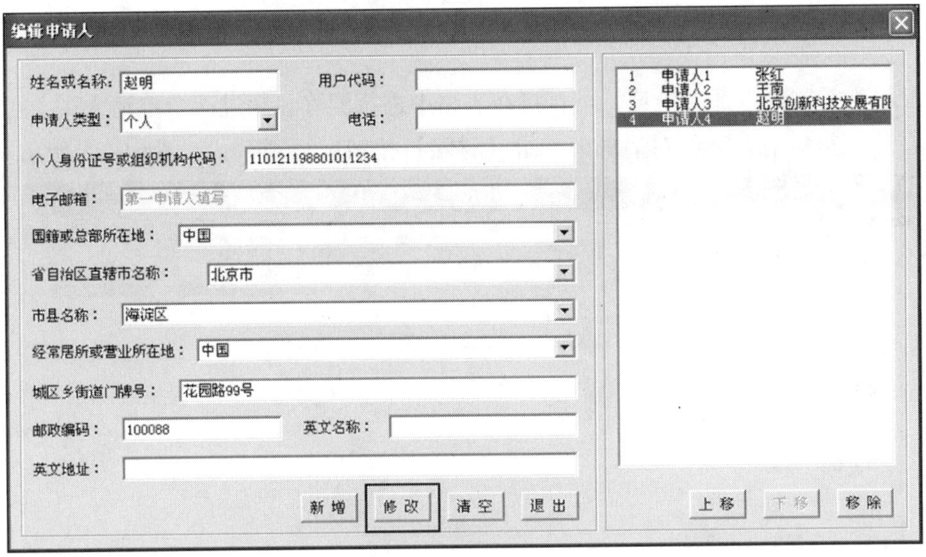

**图 6－23　修改申请人**

（3）调整申请人顺序

如需调整申请人顺序，可直接在表格中进行修改，即删除原申请人，填入

新申请人。也可在"编辑申请人"的对话框中进行调整。在"编辑申请人"对话框中右侧申请人信息部分，选中需要调整顺序的申请人，点击【上移】或【下移】调整顺序，如图 6 – 24 所示。

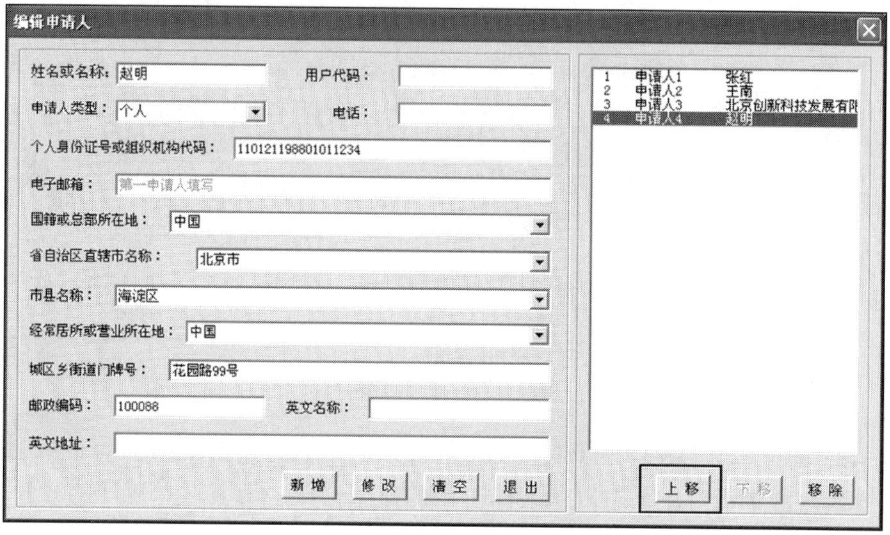

**图 6 – 24　调整申请人顺序**

（4）删除申请人

如需删除申请人信息，可直接在表格中进行删除，超过三个申请人的，可在"编辑申请人"的对话框中点击【移除】按钮进行删除，如图 6 – 25 所示。

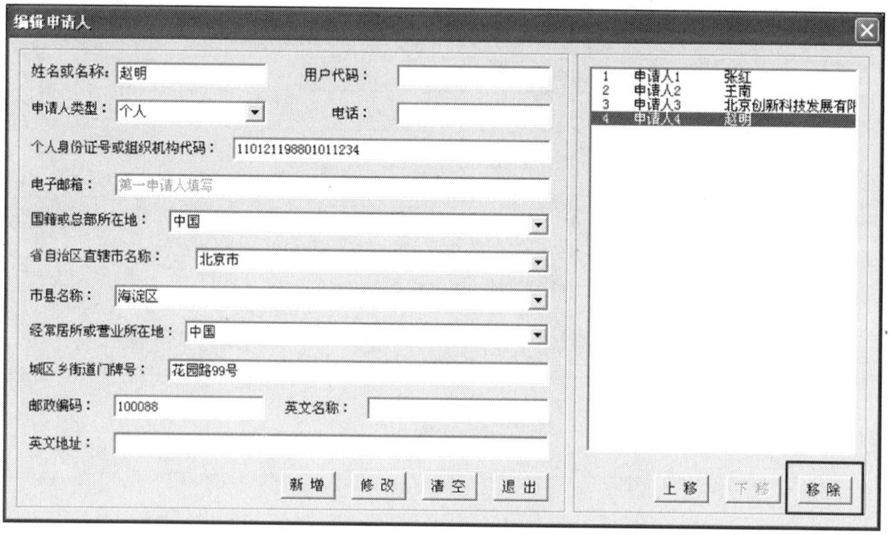

**图 6 – 25　删除申请人**

2）设置申请人

客户端提供了设置申请人的功能，用户可以提前设置常用的申请人信息，在填写表格的时候直接导入相关申请人即可。具体操作方法如下。

在客户端首页的系统设置栏中选择【设置申请人】，如图6-26所示。

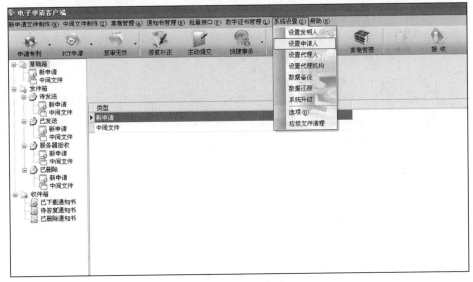

图6-26　设置申请人

在弹出的对话框中点击【增加】，在弹出的"申请人信息"对话框中输入申请人信息，如姓名和名称、邮政编码、居民身份证件号码或组织机构代码、电话并选择国籍或注册国家（地区）、省、自治区、直辖市名称等，如果需要填写英文名称和地址的，在相应位置填写，如图6-27所示。

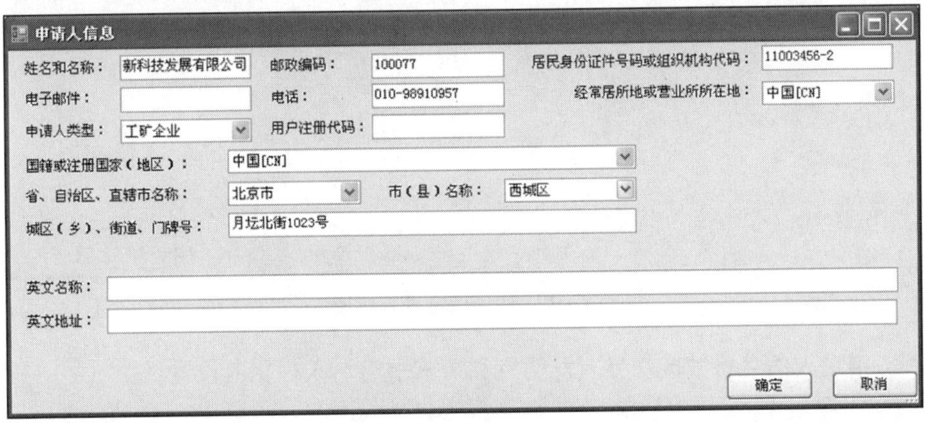

图6-27　编辑申请人信息

填写完成后,点击【确定】,则系统成功保存申请人信息,如图 6 – 28 所示。

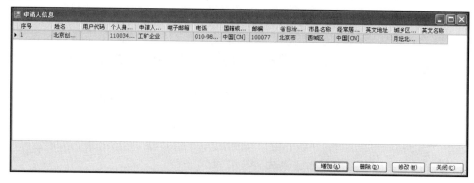

**图 6 – 28　保存申请人信息**

3)导入申请人

在编辑器编辑发明专利请求书的申请人栏时,如果需要导入预先设置好的申请人信息,可点击编辑器页面上方工具栏中的【表格向导功能键】,在下拉列表中选择【导入申请人】,如图 6 – 29(a)所示。在弹出的对话框中选择需要导入的申请人信息,点击【确定】,如图 6 – 29(b)所示。

**图 6 – 29(a)　导入申请人**

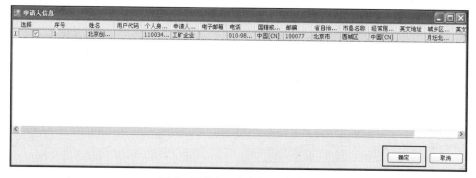

**图 6 – 29(b)　确定导入申请人**

申请人信息将被成功导入发明专利请求书申请人栏相应位置。

5. 联系人

申请人是单位且未委托代理机构的,应当填写联系人,并同时填写联系人的详细地址、邮政编码、电子邮箱和电话号码，联系人只能填写一人，且应当是本单位的工作人员。申请人为个人且需由他人代收国家知识产权局专利局所发信函的，也可以填写联系人。

6. 代表人声明

申请人指定非第一署名申请人为代表人时，应当在发明专利请求书第⑫栏指明被确定的代表人。

针对电子申请，申请人有两人以上且未委托代理机构的，以提交电子申请的申请人为代表人。

发明专利请求书第⑫栏应使用阿拉伯数字填写，如图 6 - 30 所示。

图 6 - 30　声明代表人

7. 专利代理机构

申请人委托代理机构的，应当填写发明专利请求书第⑬栏。

客户端提供代理机构和代理人的导入操作，具体操作为：

1）设置代理机构

在客户端首页的系统设置栏中选择"设置代理机构"，如图 6 - 31 所示。

图 6 - 31　设置代理机构

在弹出的对话框中输入代理机构的机构代码和机构名称，点击【保存】，如图 6 - 32所示。

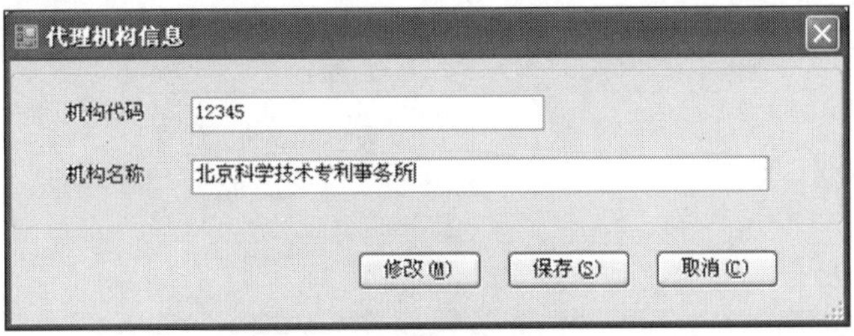

图 6 - 32　编辑代理机构信息

2）设置代理人

在客户端首页的系统设置栏中选择"设置代理人"，如图6-33所示。

**图6-33　设置代理人**

在弹出的对话框中点击【增加】，在"代理人信息"栏中输入代理人的姓名、电话、工作证号，点击【确定】，则系统将保存设置的代理人信息。全部设置完成后，点击【关闭】，如图6-34、图6-35所示。

**图6-34　编辑代理人信息**

**图6-35　保存代理人信息**

3）导入代理人

在编辑发明专利请求书的时候，如果预先设置好代理机构和代理人的信息，可使用导入功能简化操作，即点击编辑器页面上方工具栏中的【表格向导功能键】，在下拉列表中选择【导入代理人】，如图6－36（a）所示。

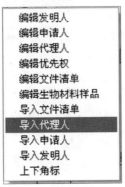

图6－36(a)　编辑导入代理人

在弹出的对话框中，勾选需要导入的代理人选项，如果需要调整代理人顺序，可在"代理人顺序"一栏进行选择，如图6－36（b）所示。

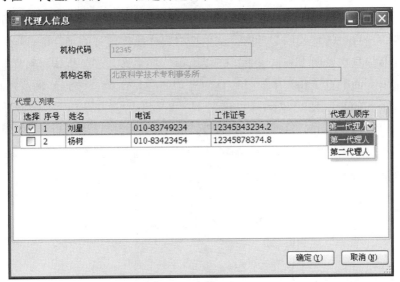

图6－36(b)　选择代理人顺序

点击【确定】，代理机构和代理人的信息将自动显示在发明专利请求书的相应位置，如图6－36（c）所示。

| ⑬ 专利代理机构 | 名称北京科学技术专利事务所 | | 机构代码12345 | |
|---|---|---|---|---|
| | 代理人(1) | 姓 名刘星 | 代理人(2) | 姓 名杨树 |
| | | 执业证号12345343234.2 | | 执业证号12345878374.8 |
| | | 电 话010-83749234 | | 电 话010-83423454 |

图6-36(c)  导入代理人

8. 分案申请

当编辑的申请是分案申请，应当填写发明专利请求书第⑭栏的内容。如果申请是再次分案申请的，还应当填写所针对的分案申请的申请号。填写时应正确填写申请号和申请日，应注意：申请号为9位或13位的，最后一位校验位前不应加点。如校验位是X，则X应大写，如图6-37所示。

| ⑭分案申请 | 原申请号2011100823664 | 针对的分案申请号 | 原申请日 2011年4 月01日 |
|---|---|---|---|

图6-37  编辑分案申请信息

9. 生物材料样品

当编辑的申请涉及生物材料的发明专利，应当填写发明专利请求书第⑮栏的内容，并自申请日起四个月内提交生物材料样品保藏证明和存活证明。生物材料样品信息在发明专利请求书第⑮栏填写，如果涉及多个生物材料样品可使用编辑器页面上方工具栏中的【表格向导功能键】中的"编辑生物材料样品"进行编辑，如图6-38、图6-39所示。

图6-38  编辑生物材料样品

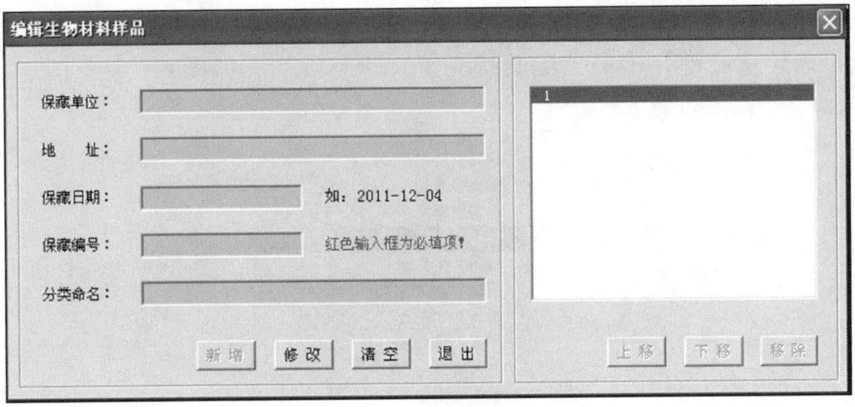

图 6 - 39　编辑生物材料样品信息

10. 序列表

发明申请涉及核苷酸或氨基酸序列表的，在发明专利请求书中第⑯栏处勾选。

11. 遗传资源

发明创造的完成依赖于遗传资源的，在发明专利请求书中第⑰栏处勾选。

12. 要求优先权声明

申请人要求外国或者本国优先权的，应当填写发明专利请求书第⑱栏。

原受理机构名称可在发明专利请求书第⑱栏下拉菜单中选择，在先申请日的正规格式为"YYYY - MM - DD"，在先申请号应如实填写国际或国内申请号，如果是中国优先权信息，则原受理机构名称、在先申请日、在先申请号三项内容必须填写；如果是外国优先权信息，除在先申请号可以不填，其他两项内容必须填写。

如果在先申请号填写的是国家申请号，则应注意在校验位前不加点，同时应当是真实存在的 9 位或 13 位的国家申请号，如图 6 - 40 所示。

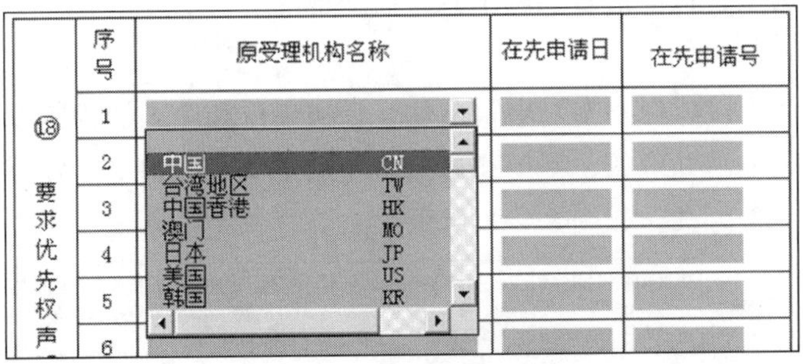

图 6 - 40　要求优先权声明

如果要求优先权的数量超过八个，可使用编辑器页面上方工具栏中的【表格向导功能键】中的"编辑优先权"进行编辑，如图6-41、图6-42所示。

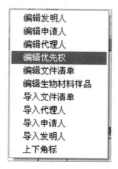

图6-41　编辑优先权

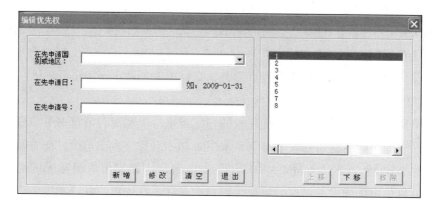

图6-42　编辑优先权声明

13. 不丧失新颖性宽限期声明

申请人要求不丧失新颖性宽限期的，应当根据实际情况勾选发明专利请求书第⑲栏的选项，自申请日起两个月内提交证明文件。

14. 保密请求

电子申请不接收保密专利申请文件，任何单位和个人认为其专利申请需要按照保密专利申请处理的，不得通过电子专利申请系统提交。发明专利请求书中保密请求项不可选，如图6-43所示。

| ⑳保密请求 | 根据国家相关法律，涉及国家秘密的信息不得在国际联网的计算机信息系统中存储、处理、传递，故任何单位和个人认为其专利申请需要按照保密专利申请处理的，不得通过电子专利申请系统提交。 |
| --- | --- |

图6-43　保密请求

15. 同日申请

申请人同日对同样的发明创造既申请发明专利又申请实用新型专利的，应当勾选发明专利请求书第㉑栏。

小秘书：申请人应当在同日提交发明专利申请文件和实用新型专利申请文件。

16. 提前公布

申请人要求提前公布的，应当勾选发明专利请求书第㉒栏。若申请人填写此栏，不需要再提交发明专利请求提前公布声明。

17. 文件清单

文件清单可使用编辑器页面上方工具栏中【表格向导功能键】中的【导入文件清单】编辑，如图 6 – 44 所示。

也可使用编辑文件清单进行逐项编辑，如图 6 – 45（a）、图 6 – 45（b）所示。

图 6 – 44　导入文件清单

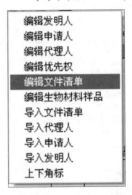

图 6 – 45(a)　编辑文件清单

图 6 – 45(b)　编辑文件清单信息

　　导入文件清单操作较方便，具体操作：导入文件清单前，应将所有文件编辑好并保存，申请文件右侧显示出文件的页数等信息，点击【导入文件清单】后，系统将自动获取文件信息并导入到清单中，如图 6－46（a）、图 6－46（b）所示。

**图 6－46(a)　导入文件清单 1**

**图 6－46(b)　导入文件清单 2**

　　🖋 **小秘书**：

　　①如果申请文件中有使用 WORD 或者 PDF 格式导入的，则系统默认导入的文件页数为 0，用户不需要对此页数进行修改。但是如果权利要求书是导入的，则应当将默认的 "0 项" 修改为正确的权利要求项数。

　　②如果代理机构需要填写总委托书编号，可在导入文件清单后附加文件清单栏编辑总委托书编号。

　　③文件清单应当与最后签名打包后案卷包中的文件完全一致，建议在编辑完成全部申请文件后（包括附加文件），再进行导入清单的操作。

　　④如果后续文件又有修改，则应当在全部修改完成后，再进行一次导入清单操作。

　　18. 签章

　　委托代理机构的，应当由代理机构签章。未委托代理机构的，申请人为多个的，发明专利请求书第㉕栏只需要代表人的签章。在完成申请文件的编辑，进行数字签名时，系统会将数字证书中记载的用户名称与电子表格签章栏填写的名称进行比对，名称一致的才允许签名。因此，签章名称应与注册时的用户名称一致。如果名称中有括号的应注意全角和半角，括号应与用户数字证书中记录的一致，如图 6-47 所示。

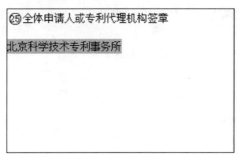

**图 6-47　签章**

19. 保存与校验

　　发明专利请求书信息填写容易出现错别字、信息重复填写等错误，请求书保存前应当仔细确认。

　　保存发明专利请求书时，系统会自动校验请求书中填写的信息项，给出校验结果，用户可以根据校验结果返回请求书相应的位置进行修改，修改完成后再次保存，注意仔细核对"出错信息"为"必输项"的项目是否全部更正，如图 6-48 所示。

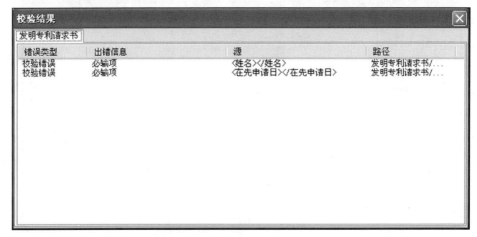

**图 6-48　校验结果**

## （二）向导模式下的编辑

电子申请客户端还提供了向导编辑模式。

向导模式操作：在客户端首页的"系统设置"中选择【选项】，如图6-49所示。

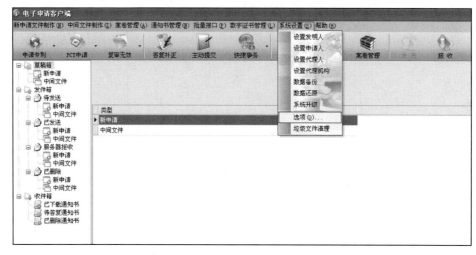

**图6-49　选项**

在弹出的对话框中，选择"向导模式"（系统默认的是"经典模式"），点击【确定】按钮，如图6-50所示。

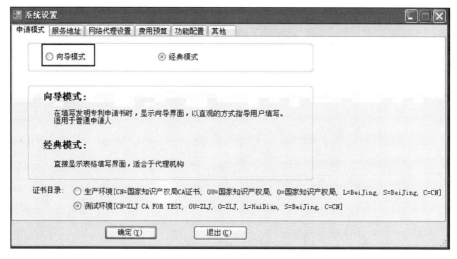

**图6-50　向导模式**

打开编辑器，此时编辑发明专利请求书时，系统将引导用户按照发明专利请求书的栏目逐项编辑，如图6-51（a）、图6-51（b）所示。

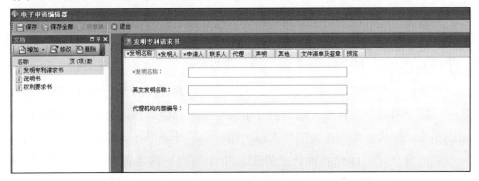

**图6-51(a)　编辑发明专利请求书1**

**图6-51(b)　编辑发明专利请求书2**

编辑完成后，点击【预览】，系统将生成表格形式的发明专利请求书模板供用户最终确认。

## 二、实用新型专利请求书的编辑

实用新型专利请求书的填写与发明专利请求书的填写方式基本一致，编辑的具体要求可参见本节"一、发明专利请求书的编辑"部分的内容。

需要特别注意的是实用新型专利请求书第⑱栏同日申请。申请人同日对同样的发明创造既申请实用新型专利又申请发明专利的，应当填写此栏。

小秘书：申请人应当在同日提交发明专利申请文件和实用新型专利申请文件，并在发明专利请求书的同日申请栏勾选。

### 三、外观设计专利请求书的编辑

外观设计专利请求书与发明专利请求书相同栏目的填写基本一致，以下将对外观专利请求书中的特有栏目进行介绍。

1. 使用外观设计的产品名称

外观设计专利请求书的第⑥栏是填写使用外观设计的产品名称。填写该名称时，应当与外观设计图片或者照片中表示的外观设计相符合，与视图和产品用途相符，准确、简明地表明要求保护的产品的外观设计。外观设计产品名称一般应当符合《国际外观设计分类表》中小类列举的名称。外观设计产品名称一般不得超过 20 个字。

2. 设计人

外观设计专利请求书的第⑦栏是设计人。设计人的编辑方法与发明专利请求书中的发明人的编辑方法相同，可参见本节中"一、发明专利请求书的编辑"。

3. 相似设计

外观设计专利请求书的第⑯栏是相似设计。同一产品两项以上的相似外观设计，作为一件申请提出时，申请人应当填写相关信息。本栏只能填写阿拉伯数字，一件外观设计专利申请中的相似外观设计不得超过 10 项。

4. 成套产品

外观设计专利请求书的第⑰栏是成套产品。用于同一类别并且成套出售或者使用的产品的两项以上外观设计，作为一件申请提出时，申请人应当填写相关信息。成套产品外观设计专利申请中不应包含某一件或者几件产品的相似外观设计。

### 四、国际申请进入中国国家阶段声明的编辑

由于国际申请进入中国国家阶段声明（发明）和国际申请进入中国国家阶段声明（实用新型）两个表格的填写内容基本一致，这里不做区分，统一简称为"进入声明"。

进入声明中的一些填写项，如发明人、申请人、联系人、生物保藏声明等填写方法与发明专利请求书的填写方法基本一致，在此不做赘述，下文仅对进入声明特有栏目进行介绍。

1. 国际阶段信息

　　进入声明第⑥栏到第⑪栏分别是国际申请号、国际申请日、优先权日、国际公布号、国际公布日、国际公布语言。国际申请已进行公布的，应当填写上述各栏目的内容，且应当与国际公布文本扉页的记载保持一致。进入中国国家阶段时国际申请尚未进行国际公布的，可不填写国际公布号、国际公布日、国际公布语言栏目的内容。

　　进入声明第⑥栏是国际申请号，用户应当填写正确的国际申请号，格式为"PCT/YYZZZZ/XXXXXX"，（YY 为国籍代码，ZZZZ 为年份）。

　　进入声明第⑦栏国际申请日、第⑧栏优先权日、第⑩栏国际公布日的填写内容应当是国际公布文本扉页记载的国际申请日、最早优先权日和国际公布日期。日期的填写应当符合规范，年月日之间以"-"相连接，格式为"YYYY-MM-DD"。

　　进入声明第⑨栏是国际公布号，用户应当正确填写国际公布号，格式为"WOXXXX/XXXXXX"。

| ⑥国际申请号 | PCT/EP2010/058057 |
| --- | --- |
| ⑦国际申请日 | 2010-06-09 |
| ⑧优先权日 | 2010-03-12 |
| ⑨国际公布号 | WO2011/110236 |
| ⑩国际公布日 | 2011-09-15 |
| ⑪国际公布语言 | 英语 |

　　正确填写方式如图 6 - 52、图 6 - 53 所示。

**图 6 - 52　填写国际阶段信息的标准格式**

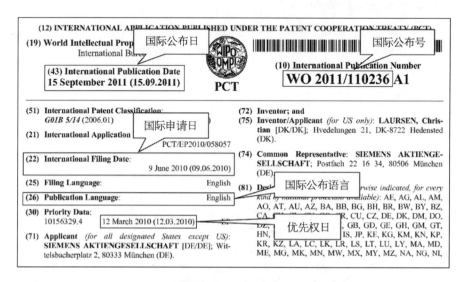

**图 6 - 53　国际公布文本扉页中的国际阶段信息**

## 2. 提前处理

进入声明第⑲栏是请求提前处理。申请人要求国家知识产权局在优先权日起三十个月期限届满前处理和审查国际申请的，应当勾选此栏，如图6－54所示。

```
⑲提前处理
☒自优先权日起 30 个月的期限尚未届满，请求国家知识产权局根据专利法实施细则第 111 条提前处
理和审查本国际申请。
```

**图6－54 请求提前处理**

国际局尚未向国家知识产权局传送国际申请的，申请人应当提交经确认的国际申请副本，该副本是经受理局确认的"受理本"副本，或者是经国际局确认的"登记本"副本。申请人也可以向国家知识产权局提出请求，由国家知识产权局要求国际局传送国际申请副本，如图6－55所示。

```
☒本国际申请尚未国际公布，请求国家知识产权局作为指定局要求国际局传送国际申请文件副本。
```

**图6－55 请求国家知识产权局代为索要副本**

## 3. 提前公布

进入声明第⑳栏是请求提前公布。申请人要求提前公布的，应当勾选此栏。若填写此栏，不需要再提交请求提前公布声明。以中文提出的国际申请在完成国际公布前，申请人请求提前处理并要求提前进行国家公布的，还应当提交权利要求书、说明书、说明书附图等申请文件。

## ´4. 审查基础文本声明

进入声明第㉑栏是审查基础文本声明。在国际阶段及进入国家阶段后均没有对申请作出修改的，审查基础应当是原始申请，如图6－56所示。

| ㉑审查基础文本声明 | | |
|---|---|---|
| ☒以原始国际申请文件中的译文为审查基础 | | ☐以下列申请文件为审查基础 |
| ☐说明书 | 第　　页，按原始国际申请文件的中文译文<br>第　　页，按专利性国际初步报告（PCT 第二章）附件的中文译文<br>第　　页，按专利合作条约第 28/41 条提出的修改 | |
| ☐权利要求 | 第　　项，按原始国际申请文件的中文译文<br>第　　项，按专利合作条约第 19 条修改的中文译文<br>第　　项，按专利性国际初步报告（PCT 第二章）附件的中文译文<br>第　　项，按专利合作条约第 28/41 条提出的修改 | |
| ☐附图 | 第　　页，按原始国际申请文件的中文译文<br>第　　页，按专利性国际初步报告（PCT 第二章）附件的中文译文<br>第　　页，按专利合作条约第 28/41 条提出的修改 | |
| ☐核苷酸和 /<br>或氨基酸序列<br>表 | 第　　页，按原始国际申请文件<br>第　　页，按专利性国际初步报告（PCT 第二章）附件<br>第　　页，按专利合作条约第 28/41 条提出的修改 | |

**图6－56 原始申请作为审查基础的文本声明**

　　若申请人在进入国家阶段时提交了国际阶段修改文件对应项目的全部替换页，进入声明第㉑栏可以填写以全部替换页的内容作为审查基础，如图 6 – 57 所示：

**图 6 – 57　修改文件作为审查基础的文本声明**

　　进入声明第㉑栏的填写不应当出现重复的情形，如图 6 – 58 所示，其中说明书第 25 页既要求在原始申请译文的基础上审查，又要求在按照《专利合作条约》第 28 条或第 41 条作出的修改文件基础上审查。

**图 6 – 58　说明书的审查基础错误填写示例**

5. 要求优先权声明

进入声明第㉒栏是要求优先权声明。此栏中所填写的优先权事项应与最新国际公布文本或经确认的国际申请副本中记载的优先权声明事项（在先申请的申请日、申请号及原受理机构名称）一致。若在国际阶段没有提供在先申请号，则应当在进入声明的第㉒栏中写明。

6. 援引加入声明

进入声明第㉔栏是援引加入声明。对于申请文件中含有援引加入项目或部分的，而且申请人希望申请文件中保留援引加入项目或部分，则申请人在进入声明第㉔栏应当予以指明并请求修改相对于中国的申请日，如图 6-59 所示。

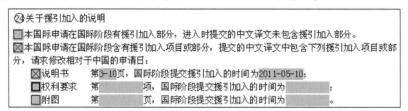

图 6-59　援引加入声明的填写栏

对于进入声明中未填写第㉔栏的，原始申请文件中不得包含援引加入项目或部分，且在后续程序中不能再通过请求修改相对于中国的申请日的方式保留援引加入项目或部分。

7. 复查请求

进入声明第㉙栏是复查请求。复查请求应当自收到受理局或国际局作出拒绝给予国际申请日或国际申请视为撤回决定的通知之日起两个月内向国家知识产权局提出，请求中应当陈述要求复查的理由，同时附具要求进行复查处理决定的副本。国际局应申请人请求传送的有关档案文件的副本随后到达国家知识产权局。

# 第四节　权利要求书的编辑

申请发明专利应当提交权利要求书，权利要求书应当说明发明的技术特征，清楚和简要地表述请求保护的范围。

权利要求书有多项权利要求时，应当用阿拉伯数字顺序编号，编号前不得冠以"权利要求"或者"权项"等词。权利要求书中使用的科技术语应当与说明书中使用的一致,可以有化学式或者数学式,必要时可以有表格,但不得有插图。不得使用"如说明书……部分所述"或者"如图……所示"等用语。

每一项权利要求仅允许在权利要求的结尾处使用句号。

## 一、XML 格式权利要求书的编辑

使用客户端权利要求书模板,直接在模板上进行编辑的,系统将自动生成 XML 格式的权利要求书。

具体操作:在编辑器左上方"文档"框内双击"权利要求书",系统将打开权利要求书模板,可以看到模板中预先填写了键入权利要求项的提示性的内容。用户可以按照提示输入相应的权利要求内容,如图 6 – 60 所示。

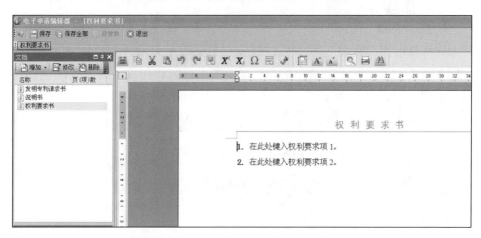

**图 6 – 60 XML 格式权利要求书的编辑**

如果事先已经在别的软件中编辑好了权利要求书内容,可以通过复制将权利要求书内容粘贴到权利要求书模板中。需要注意的是,权利要求项的编号,应当使用系统能够自动识别的,阿拉伯数字后加实心圆点的输入方式,如"1."这样系统在保存时会自动将此权利要求归为 1 项。也可以在粘贴后将权利要求项的编号删除,系统会根据一个句号为 1 项的原则自动为权利要求书内容规范项数。

在编辑权利要求书的过程中,可使用系统提供的编辑工具对文档中的特殊字符、表格、图片等内容进行制作和编辑。包括权项自动识别、复制、剪切、粘贴、撤销、恢复、插入图片、上标、下标、特殊字符、插入图表、打印预览、打印文档、自定义查找等功能，如图 6 – 61 所示。

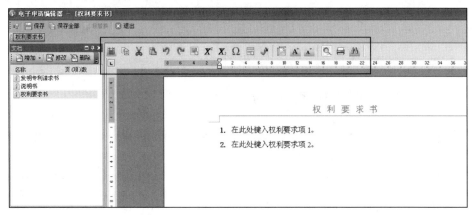

**图 6 – 61　XML 格式权利要求书的工具栏**

1. 插入表格

权利要求书中需要显示表格，则应点击页面上方的【插入图表】按钮，如图 6 – 62（a）所示，在弹出的对话框中输入行数和列数，点击【确定】即可，如图 6 – 62（b）所示。

**图 6 – 62(a)　插入表格**

**图 6 – 62(b)　确定插入表格**

该功能支持简单表格的制作，如果涉及复杂表格，如需要嵌套表格或分割、合并单元格的，应将表格预先保存成图片后，插入权利要求书中提交。

2. 插入图片

在权利要求书中定位到需要插入图片的位置，点击页面上方的【插入图片】按钮,如图6-63(a)所示。在弹出的对话框中找到图片存储路径,选中该路径下需要插入的图片,点击【打开】即可,如图6-63(b)所示。

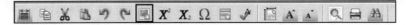

图6-63(a) 插入图片1

图6-63(b) 插入图片2

3. 插入特殊字符

如果权利要求书中涉及一些特殊字符,可点击页面上方的【特殊字符】按钮,如图6-64(a)所示。在弹出的对话框中查找需要插入的特殊字符。对话框默认显示的是一些常用的特殊字符,用户可以通过对话框左上方的下拉菜单切换类型,以寻找到目标字符。如果编辑器的特殊字符库里提供的字符集未包括用户需要插入的字符,可将该特殊字符转成图片格式插入页面中,如图6-64(b)所示。

权利要求书内容编辑完毕后,点击权利要求书模板左上角【权项自动识别】按钮或者页面左上角【保存】按钮,编辑器会自动识别权利要求,并按阿拉伯顺序添加权项号。

图6-64(a) 插入特殊字符1

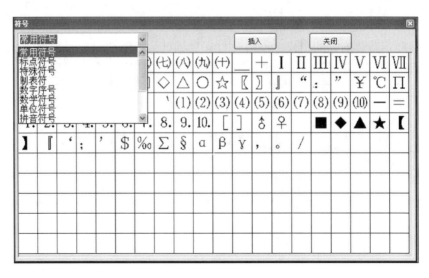

**图 6－64( b)　插入特殊字符 2**

**小秘书**：PCT 申请的权利要求书可以不按顺序编号，如果需要不按顺序编号，可在【权项自动识别】后修改相应的权项号与国际文本保持一致，如图 6－65 所示。

**图 6－65　权项自动识别**

　　编辑器以"句号"作为划分权利要求项的标准，权利要求书保存成功后，编辑器左上方"文档"框内"权利要求书"选项旁，将自动显示权利要求书页数和权利要求项数，如图 6－66 所示。

　　这里需要注意的是，如果在 WORD 或记事本上编辑完成权利要求书后，直接复制再粘贴至客户端权利要求书模板内的，应将保存后的文档与原始文档仔细比较，特别注意特殊字符、公式是否保存成功，是否出现乱码等情况。对于一些编辑器无法正常识别的字符，编辑器将识别成"？"显示在该字符位置。用户应将该特殊

**图 6－66　权利要求书页数和项数**

字符转换成图片格式插入至原位置。对于权利要求书，用户可以使用页面上方工具栏【自定义查找】按钮，输入"?"或其他需要查询的字符，进行全文的查找，如图6-67所示。

图6-67 查找

## 二、WORD 或 PDF 格式权利要求书的编辑

如果用户事先已经做好 WORD 或者 PDF 格式的权利要求书，也可直接导入至客户端中提交。

具体操作：在编辑器左上方"文档"框内先删除原有权利要求书模板，如图6-68所示。

图6-68 删除权利要求书模板

点击文档栏下方【增加】按钮，在弹出的"添加文件"对话框中选择"权利要求书"，在对话框下方"建立方式"栏中选择"导入"，如图6-69（a）所示。在"选择文件"栏中，找到需要导入的 WORD 格式或者 PDF 格式的权利要求书文件，点击【打开】，如图6-69（b）所示。在"添加文件"对话框中点击【确定】，即完成了权利要求书的导入，如图6-69（c）所示。

**图 6 - 69(a)　导入权利要求书**

**图 6 - 69(b)　打开待导入的权利要求书**

**图6-69(c)　确定导入权利要求书**

🔖 **小秘书**：

①这里需要说明的是，导入的 WORD 或者 PDF 格式权利要求书，页数以专利局系统最终扫描后确定的页数为准，所以在请求书中文件清单栏内页数显示为"0"页，用户不必去修改此页数。但是文件清单栏的权利要求项数一栏，需要用户根据权利要求书的实际权利要求项数填写。

②电子申请客户端支持 WORD 和 PDF 格式文件的导入，但导入的文件需要符合相关的文件格式要求，以免产生系统对部分对象无法识别的问题。

# 第五节　说明书的编辑

申请发明专利应当提交说明书，说明书第一页第一行应当写明发明创造名称，该名称应当与请求书中的名称一致，并左右居中。说明书在格式上应当包括下列五个部分，并且在每一部分前面写明标题：技术领域、背景技术、发明内容、附图说明、具体实施方式。

说明书无附图的，说明书文字部分不包括附图说明及其相应的标题。说明书文字部分可以有化学式、数学式或者表格，但不得有插图。

## 一、XML 格式说明书的编辑

使用客户端说明书模板，直接在模板上进行编辑的，系统将自动生成 XML 格式的说明书。

具体操作：在编辑器左上方"文档"框内双击"说明书"，系统将打开说明书模板，可以看到模板中预先填写了提示性的内容，包括发明名称、小标题和正文描述段落等提示。用户可以按照提示输入相应的说明书内容，注意说明书中的发明创造名称应当与请求书中的名称一致，如图 6 - 70 所示。

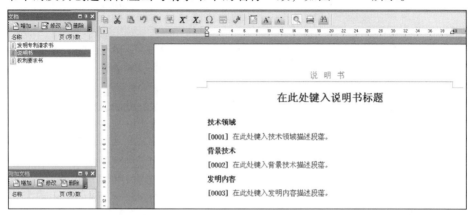

图 6 - 70　说明书模板

在编辑说明书的过程中，可使用系统提供的编辑工具栏对文档中的特殊字符、表格、图片等内容进行制作和编辑。包括复制、剪切、粘贴、撤销、恢复、插入图片、上标、下标、特殊字符、插入图表、打印预览、打印文档、自定义查找等功能，如图 6 - 71 所示。

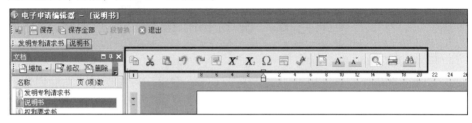

图 6 - 71　XML 格式说明书的工具栏

说明书内容编辑完毕后，点击页面左上角【保存】按钮，编辑器会自动规范格式，包括识别发明名称和小标题、正文内容，自动分段并编排段号。编辑器以"句号＋回车"作为分段的标准，保存成功后，编辑器左上方"文档"框内"说明书"选项旁，将自动显示说明书页数，如图6－72所示。

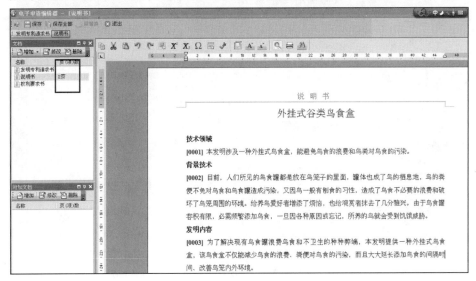

**图6－72 保存说明书**

这里需要注意的是，如果采用在编辑器外部，如在 WORD 或记事本上编辑完说明书后，直接复制再粘贴至客户端说明书模板内的，应将保存后的文档与原始文档仔细比对，特别注意特殊字符、公式是否保存成功，是否出现乱码等情况。对于一些编辑器无法正常识别的字符，编辑器将识别成"？"显示在该字符位置。用户应将该特殊字符转换成图片格式插入至原位置。对于全文较长的说明书，用户可以使用页面上方【自定义查找】按钮，输入"？"或其他需要查询的字符，进行全文查找。

🖊️ **小秘书：**

①如果将说明书采用复制粘贴至客户端说明书模板内应当注意的问题与上节权利要求书中提到的一致，需要特别注意特殊字符、公式是否保存成功，是否出现乱码等情况。

②如果插入的是公式、化学式等对象，系统在保存的时候，会将对象转成图片保存在文档中。由于识别对象，将对象转化和保存为图片的过程中可能存在质量的损失，用户最好使用客户端工具栏的编辑对象，或使用软件编辑完成后，保存成图片再粘贴到文本中去。

③选择在 WORD 中编辑好说明书再复制粘贴到客户端说明书模板内的，可以先在 WORD 中"清除格式"，再进行复制和粘贴，如图 6-73 所示。

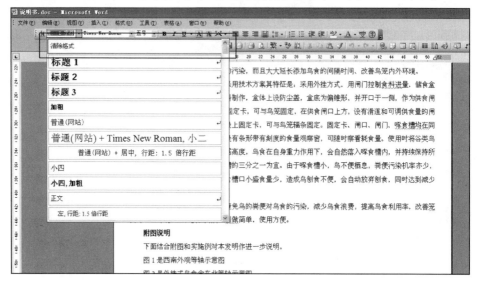

图 6-73  WORD 清除格式

## 二、WORD 或 PDF 格式说明书的编辑

如果用户事先已经做好 WORD 或者 PDF 格式的说明书，也可直接导入至客户端中提交。具体操作：在编辑器左上方"文档"框内先删除原有说明书模板，如图 6-74 所示。

点击文档栏下方【增加】按钮，在弹出的"添加文件"对话框中选择"说明书"，在对话框下方"建立方式"栏中选择"导入"，如图 6-75（a）所示。

在"选择文件"栏中找到需要导入的 WORD 格式或者 PDF 格式的说明书文

图 6-74  删除说明书模板

件，点击【打开】。在"添加文件"对话框中点击【确定】，即完成了说明书的导入，如图 6-75（b）、如图 6-75（c）所示。

图 6 −75(a)　导入说明书

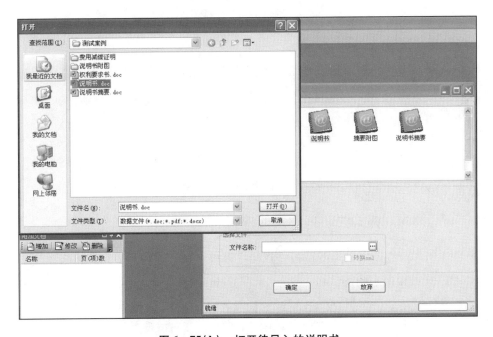

图 6 −75(b)　打开待导入的说明书

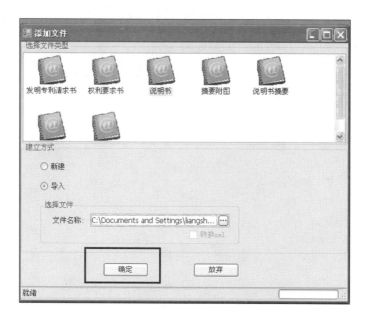

图 6 – 75 ( c )　　确定导入说明书

# 第六节　说明书附图的编辑

说明书附图应当尽量竖向放置在说明书附图模板上，如果图的宽度超过 A4 纸面宽度的，应当将附图逆时针旋转 90 度后插入到模板中。

说明书附图总数在两幅以上的，应当使用阿拉伯数字顺序编号，并在编号前冠以"图"字，例如：图 1、图 2。附图标记应当使用阿拉伯数字编号，申请文件中表示同一组成部分的附图标记应当一致，但并不要求每一幅图中的附图标记连续，说明书文字部分未提及的附图标记不得在附图中出现。

## 一、XML 格式说明书附图的编辑

使用客户端说明书附图模板，直接在模板上进行编辑的，系统将自动生成 XML 格式的说明书附图。

具体操作：在编辑器左上方"文档"框下方点击【增加】按钮，在弹出的"添加文件"对话框中选择"说明书附图"，在对话框下方"建立方式"栏中选择"新建"，点击【确定】按钮，系统将打开说明书附图模板，用户可以在此模板下插入说明书附图图片，如图 6 – 76、图 6 – 77 所示。

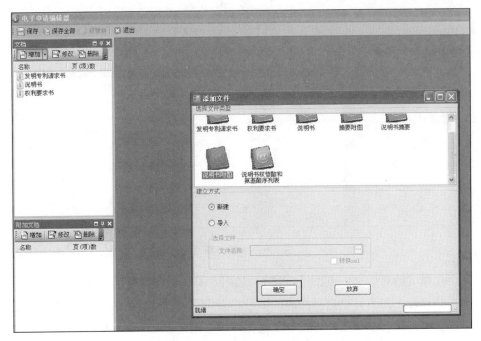

图 6 – 76　增加说明书附图模板

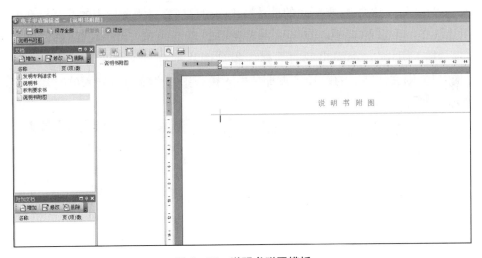

图 6 – 77　说明书附图模板

插入说明书附图图片的操作

（1）单张插入

点击编辑器工具栏左上角第一个绿色图标，选择"编辑图片或照片"，如图 6 – 78 所示。

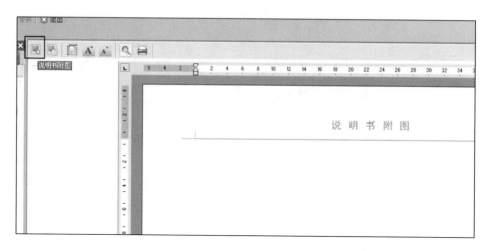

**图 6 - 78　插入图片**

在弹出的对话框中点击【浏览】，如图 6 - 79（a）所示。在本地找到目标图片并打开，在图号栏选择相应的图号，点击【添加】，图片就插入到模板相应位置中，如有多张图片可重复上述操作，如图 6 - 79（b）所示。

（2）批量插入

编辑器支持对文件夹图片的批量插入，用户应先将需要导入的符合标准的图片放在一个文件夹中。点击编辑器工具栏左上角第二个绿色图标，选择"批量插入图片"，在弹出的对话框中找到图片的存放文件夹并选中，点击【确定】。则文件夹中的图片将被批量插入模板中，系统将对导入的图片顺序编号，如图 6 - 80 所示。

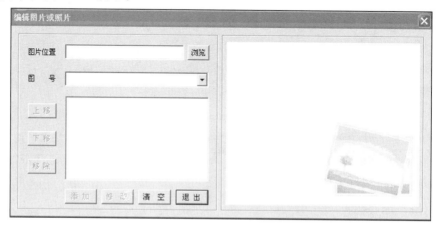

**图 6 - 79(a)　编辑图片或照片 1**

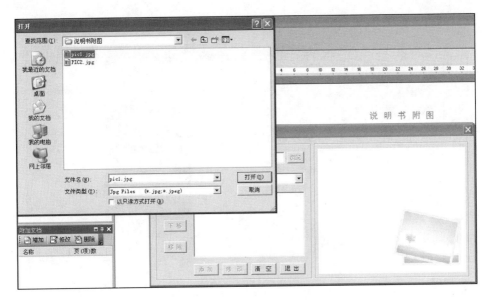

图 6 – 79(b)　编辑图片或照片 2

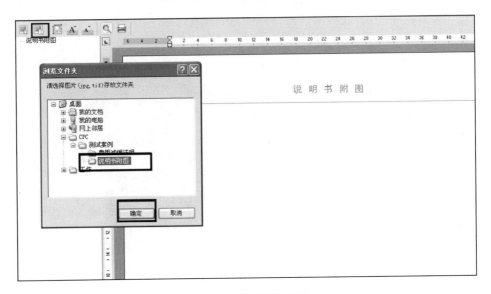

图 6 – 80　批量插入图片

（3）编辑图片

　　如果需要修改图号，可点击编辑器工具栏左上角第一个绿色图标，选择"编辑图片或照片"，在弹出的对话框中进行调整。在"编辑图片或照片"对话框中选中需要修改名称的图片，在"图号"栏中选择新的图号，点击【修改】即可，如图 6-81 所示。

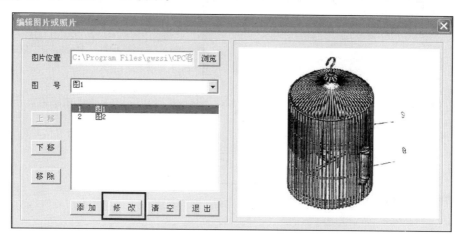

**图 6-81 修改图号**

如需调整图片顺序，可点击编辑器工具栏左上角第一个绿色图标，选择"编辑图片或照片"，在弹出的对话框中进行调整。在"编辑图片或照片"对话框中选中需要调整顺序的图片，点击【上移】或【下移】按钮调整顺序，如图 6-82 所示。

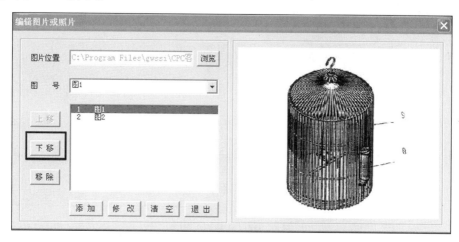

**图 6-82 调整图片顺序**

如需删除图片，可在"编辑图片或照片"对话框中选中相应的图片，点击【移除】按钮进行删除，如图 6-83 所示。

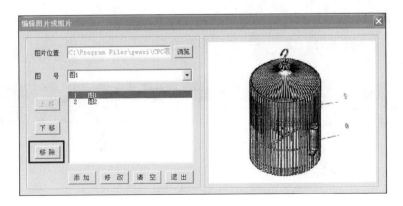

图6-83 删除图片

## 二、WORD 或 PDF 格式说明书附图的编辑

如果用户事先已经做好 WORD 或者 PDF 格式的说明书附图，也可直接导入至客户端中提交。

具体操作：在编辑器左上方"文档"框下方点击【增加】按钮，在弹出的"添加文件"对话框中选择"说明书附图"，在对话框下方"建立方式"栏中选择【导入】，如图6-84 所示。再在"选择文件"栏中，找到需要导入的

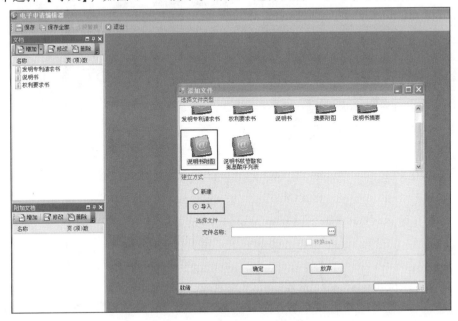

图6-84 选择导入说明书附图

WORD 格式或者 PDF 格式的说明书附图文件，点击【打开】。在"添加文件"对话框中点击【确定】，即完成了说明书附图的导入，图 6 - 85（a）、图 6 - 85（b）所示。

**图 6 - 85(a)　导入说明书附图**

**图 6 - 85(b)　确定导入说明书附图**

# 第七节 说明书核苷酸或氨基酸序列表的编辑

《专利审查指南2010》中规定，涉及核苷酸或氨基酸序列的申请，应当将该序列表作为说明书的一个单独部分，并单独编写页码。

说明书中涉及核苷酸或氨基酸序列表的，应使用说明书核苷酸或氨基酸序列表填写并提交。申请人应当在申请的同时提交与该序列表相一致的计算机可读形式的副本，如使用客户端"附加文档"中的"核苷酸或氨基酸序列表计算机可读载体"。针对 PCT 申请，如果说明书核苷酸或氨基酸序列表超过 400 页的，应当只提交核苷酸或氨基酸序列表计算机可读载体。

计算机可读载体中记载的序列表与说明书核苷酸或氨基酸序列表不一致的，以说明书核苷酸或氨基酸序列表中的序列表为准。

## 一、XML 格式说明书核苷酸或氨基酸序列表的编辑

使用客户端说明书核苷酸或氨基酸序列表模板，直接在模板上进行编辑的，系统将自动生成 XML 格式的说明书核苷酸或氨基酸序列表。

具体操作：在编辑器左上方"文档"框下方点击【增加】按钮，在弹出的"添加文件"对话框中选择"说明书核苷酸或氨基酸序列表"，在对话框下方"建立方式"栏中选择"新建"，最后点击【确定】按钮，如图 6 – 86 所示。系统将添加说明书核苷酸或氨基酸序列表模板至编辑器左侧"文档"框。在"文档"框内双击"说明书核苷酸或氨基酸序列表"，系统将打开说明书核苷酸或氨基酸序列表模板，如图 6 – 87 所示。

说明书核苷酸或氨基酸序列表内容编辑完毕后，点击编辑器页面左上角【保存】按钮。保存成功后，编辑器左上方"文档"框内"说明书核苷酸或氨基酸序列表"选项旁，将自动显示说明书核苷酸或氨基酸序列表的页数，如图 6 – 88 所示。

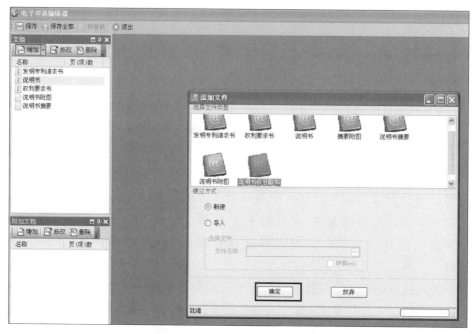

图 6 – 86　增加说明书核苷酸或氨基酸序列表模板

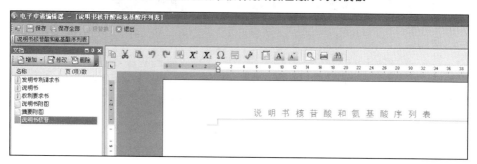

图 6 – 87　说明书核苷酸或氨基酸序列表模板

图 6 – 88　保存说明书核苷酸或氨基酸序列表

## 二、WORD 或 PDF 格式说明书核苷酸或氨基酸序列表的编辑

如果用户事先已经做好 WORD 或者 PDF 格式的说明书核苷酸或氨基酸序列表，也可直接导入至客户端中提交。

具体操作：在编辑器左上方"文档"框下方点击【增加】按钮，在弹出的"添加文件"对话框中选择"说明书核苷酸或氨基酸序列表"，在对话框下方"建立方式"栏中选择"导入"，再在"选择文件"栏中，找到需要导入的 WORD 格式或者 PDF 格式的说明书核苷酸或氨基酸序列表文件，点击【打开】。在"添加文件"对话框中点击【确定】，即完成了说明书核苷酸或氨基酸序列表的导入，如图 6-89 所示。

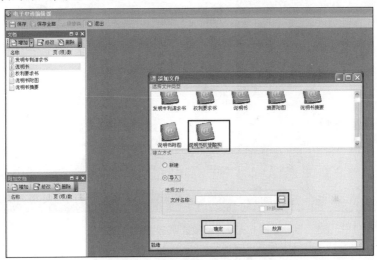

**图 6-89 导入说明书核苷酸或氨基酸序列表**

# 第八节 说明书摘要的编辑

说明书摘要文字部分应当写明发明的名称和所属的技术领域，清楚反映所要解决的技术问题，解决该问题的技术方案的要点及主要用途。说明书摘要文字部分不得加标题，说明书摘要文字（包括标点符号）一般不超过 300 个字。

## 一、XML 格式说明书摘要的编辑

使用客户端说明书摘要模板，直接在模板上进行编辑的，系统将自动生成

XML 格式的说明书摘要。

具体操作：在编辑器左上方"文档"框下方点击【增加】按钮，在弹出的"添加文件"对话框中选择"说明书摘要"，在对话框下方"建立方式"栏中选择"新建"，最后点击【确定】按钮，系统将添加说明书摘要模板至编辑器左侧"文档"框。在"文档"框内双击"说明书摘要"，系统将打开说明书摘要模板，如图 6 – 90、图 6 – 91 所示。

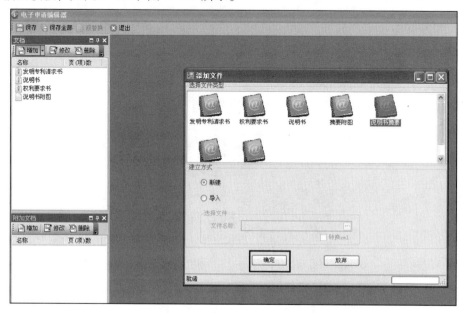

图 6 – 90　增加说明书摘要模板

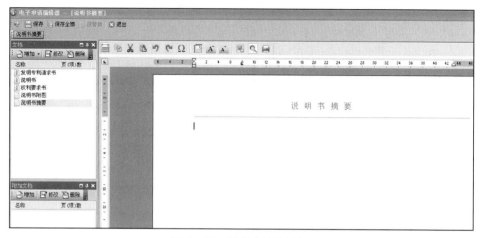

图 6 – 91　说明书摘要模板

说明书摘要内容编辑完毕后，点击编辑器页面左上角【保存】按钮。

## 二、WORD 或 PDF 格式说明书摘要的编辑

如果用户事先已经做好 WORD 或者 PDF 格式的说明书摘要，也可直接导入客户端中提交。

具体操作：在编辑器左上方"文档"框下方点击【增加】按钮，在弹出的"添加文件"对话框中选择"说明书摘要"，在对话框下方"建立方式"栏中选择"导入"，再在"选择文件"栏中，找到需要导入的 WORD 格式或者 PDF 格式的说明书摘要文件，点击【打开】。在"添加文件"对话框中点击【确定】，即完成了说明书摘要的导入，如图 6-92 所示。

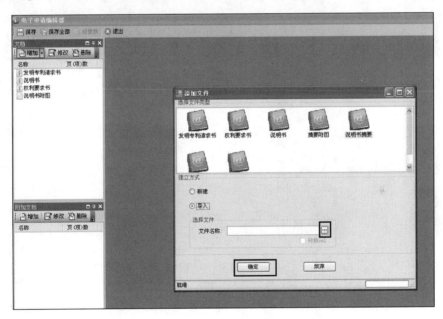

**图 6-92　导入说明书摘要**

# 第九节　摘要附图的编辑

摘要附图应当选用最能说明该发明或者实用新型技术方案主要技术特征的一幅图，应当是说明书附图中的一幅，对于进入国家阶段的国际申请，其说明书摘要附图副本应当与国际公布时的摘要附图一致。

## 一、XML 格式摘要附图的编辑

使用客户端摘要附图模板，直接在模板上进行编辑的，系统将自动生成 XML 格式的摘要附图。

具体操作：在编辑器左上方"文档"框下方点击【增加】按钮，在弹出的"添加文件"对话框中选择"摘要附图"，在对话框下方"建立方式"栏中选择"新建"，最后点击【确定】按钮，系统将打开摘要附图模板，用户可以在此模板下插入摘要附图图片，如图 6 - 93 所示。

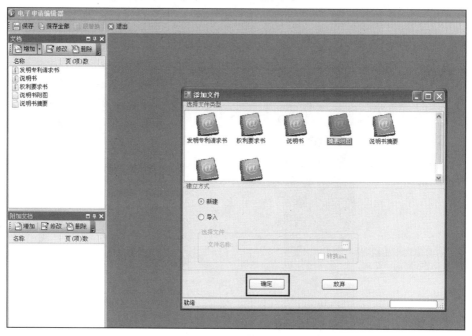

**图 6 - 93　增加摘要附图模板**

插入摘要附图图片的操作与插入说明书附图图片的方法一致，可参见本章第六节内容的介绍。

## 二、WORD 或 PDF 格式摘要附图的编辑

如果用户事先已经做好 WORD 或者 PDF 格式的摘要附图，也可直接导入至客户端中提交。

具体操作：在编辑器左上方"文档"框下方点击【增加】按钮，在弹出

的"添加文件"对话框中选择"摘要附图"，在对话框下方"建立方式"栏中选择"导入"，再在"选择文件"栏中，找到需要导入的 WORD 格式或者 PDF 格式的摘要附图文件，点击【打开】。在"添加文件"对话框中点击【确定】，即完成了摘要附图的导入，如图 6-94 所示。

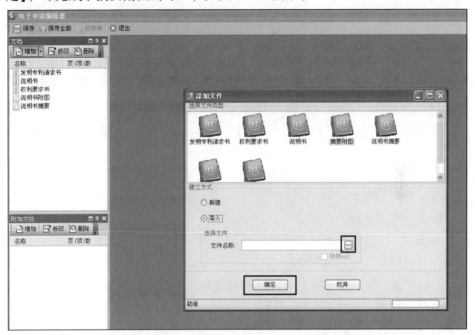

图 6-94　导入摘要附图

# 第十节　外观设计图片或照片的编辑

申请外观设计专利应当提交图片或者照片。图片或者照片应当清楚地显示要求专利保护的产品的外观设计。申请人请求保护色彩的外观设计专利申请，应当提交彩色图片或者照片。

## 一、对图片或照片的要求

①就立体产品的外观设计而言，产品设计要点涉及六个面的，应当提交六面正投影视图；产品设计要点仅涉及一个或几个面的，应当至少提交所涉及面的正投影视图和立体图，并应当在简要说明中写明省略视图的原因。就平面产

品的外观设计而言，产品设计要点涉及一个面的，可以仅提交该面正投影视图；产品设计要点涉及两个面的，应当提交两面正投影视图。

②必要时，申请人还应当提交该外观设计产品的展开图、剖视图、剖面图、放大图以及变化状态图。此外，申请人可以提交参考图，参考图通常用于表明使用外观设计的产品的用途、使用方法或者使用场所等。

③色彩包括：黑白灰系列和彩色系列。

④六面正投影视图的视图名称，是指主视图、后视图、左视图、右视图、俯视图和仰视图。各视图的视图名称应当标注在相应视图的正下方。其中主视图所对应的面应当是使用时通常朝向消费者的面或者最大程度反映产品的整体设计的面。例如，带杯把的杯子的主视图应是杯把在侧边的视图。

⑤对于成套产品，应当在其中每件产品的视图名称前以阿拉伯数字顺序编号标注，并在编号前加以"套件"字。例如，对于成套产品中的第 4 套件的主视图，其视图名称为：套件 4 主视图。

对于同一产品的相似外观设计，应当在每个设计的视图名称前以阿拉伯数字顺序编号标注，并在编号前加以"设计"字。例如：设计 1 主视图。

组件产品，是指由多个构件相结合构成的一件产品。分为无组装关系、组装关系唯一或者组装关系不唯一的组件产品。对于组装关系唯一的组件产品，应当提交组合状态的产品视图；对于无组装关系或者组装关系不唯一的组件产品，应当提交各构件的视图，并在每个构件的视图名称前以阿拉伯数字顺序编号标注，并在编号前加以"组件"字。例如，对于组件产品中的第 3 组件的左视图，其视图名称为：组件 3 左视图。

对于有多种变化状态的产品的外观设计，应当在其显示变化状态的视图名称后，以阿拉伯数字顺序编号标注。

正投影视图的投影关系应当对应、比例应当一致。

## 二、客户端外观设计图片或照片的编辑

使用客户端外观设计图片或照片模板，直接在模板上进行编辑的，系统将自动生成 XML 格式的外观设计图片或照片。

具体操作：在编辑器左上方"文档"框内双击"外观设计图片或照片"，系统将打开外观设计图片或照片模板，用户可以在此模板下插入外观设计图片或照片，如图 6-95 所示。

图 6-95 打开外观设计图片或照片模板

**插入图片或照片的操作**

（1）单张插入

点击编辑器页面工具栏左上角第一个绿色图标，选择"编辑图片或照片"，在弹出的对话框中点击【浏览】，在本地找到目标图片并点击【打开】按钮，如图 6-96 所示。

图 6-96 单张插入外观设计图片或照片

在视图名称栏选择相应的视图名称，点击【添加】，图片就插入到模板相应位置中。如有多张图片可继续增加，如图 6 – 97 所示。

**图 6 – 97　编辑图片或照片**

（2）修改图片

如果需要修改图片视图名称，可点击编辑器左上角工具栏第一个绿色图标，选择"编辑图片或照片"，在弹出的对话框中进行调整。在"编辑图片或照片"对话框中选中需要修改名称的图片，在"视图名称"栏中选择新的视图名称，点击【修改】，即可重新命名图片视图名称，如图 6 – 98 所示。

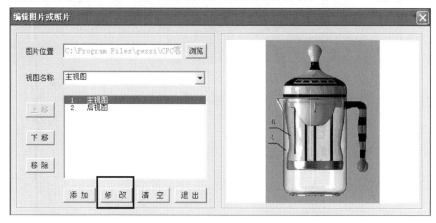

**图 6 – 98　修改视图名称**

（3）调整图片顺序

如需调整图片顺序，可点击编辑器工具栏左上角第一个绿色图标，选择"编辑图片或照片"，在弹出的对话框中进行调整。在"编辑图片或照片"对话框中选中需要调整顺序的图片，点击【上移】或【下移】调整顺序，如图 6 - 99 所示。

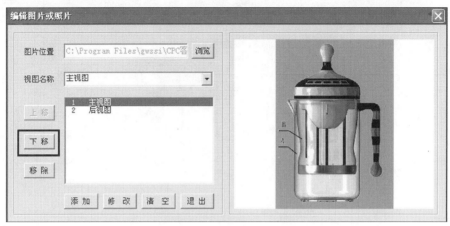

**图 6 - 99 调整图片顺序**

（3）删除图片

如需删除图片，可点击编辑器工具栏左上角第一个绿色图标选择"编辑图片或照片"，在弹出的对话框中选中相应的图片，点击【移除】按钮进行删除，如图 6 - 100 所示。

**图 6 - 100 删除图片**

编辑完成后，点击退出，则图片和视图名称将被成功添加到客户端外观设计图片或照片模板中，如图 6 - 101 所示。

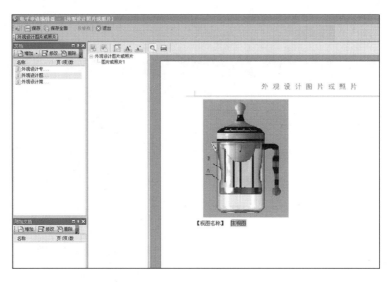

**图 6 – 101　图片添加成功**

需要修改视图名称的，如对于同一产品的相似外观设计，在每个设计的视图名称前以阿拉伯数字顺序编号标注，并在编号前加"设计"字样。例如，设计 1 主视图。则可在模板中视图名称后面的灰色输入框区域直接修改，如图 6 – 102（a）、图 6 – 102（b）所示。

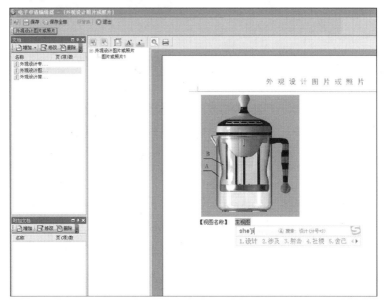

**图 6 – 102(a)　修改视图名称 1**

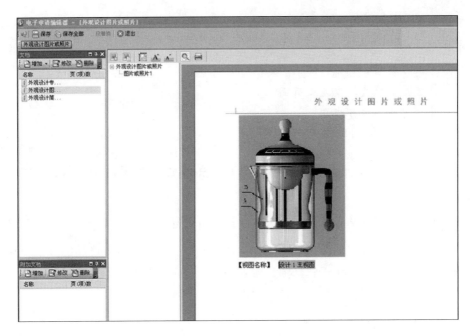

图 6 – 102(b)　修改视图名称 2

全部图片编辑完成后，点击编辑器页面左上方【保存】按钮，系统将自动对图片进行保存，编辑器左上方"文档"框内"外观设计图片或照片"选项旁，将自动显示外观设计图片或照片的页数和幅数，如图 6 – 103 所示。

图 6 – 103　保存外观设计图片或照片

小秘书：通过电子申请客户端提交的外观设计图片或照片应清楚地显

示请求保护的外观设计。因此需要申请人在保存完成后检查一遍。确认下列内容:

①图片清晰、完整，比例一致。

②视图名称是否重复或有误。

③视图是否重复提交。

# 第十一节　外观设计简要说明的编辑

申请外观设计专利的应当提交对该外观设计的简要说明。

外观设计专利权的保护范围以表示在图片或者照片中的该产品的外观设计为准，简要说明可以用于解释图片或者照片所表示的该产品的外观设计。

外观设计简要说明应当包括下列内容。

1. 外观设计产品的名称

简要说明中的产品名称应当与请求书中的产品名称一致。

2. 外观设计产品的用途

简要说明中应当写明有助于确定产品类别的用途。对于具有多种用途的产品，简要说明应当写明所述产品的多种用途。

3. 外观设计的设计要点

设计要点是指与现有设计相区别的产品的形状、图案及其结合，或者色彩与形状、图案的结合，或者部位。对设计要点的描述应当简明扼要。

4. 指定一幅最能表明设计要点的图片或者照片

指定的图片或者照片用于出版专利公报。

使用客户端外观设计简要说明模板，直接在模板上进行编辑的，系统将自动生成 XML 格式的外观设计简要说明。

具体操作：在编辑器左上方"文档"框内双击"外观设计简要说明"，系统将打开外观设计简要说明模板，可以看到模板中预先填写了提示性的内容，包括本外观设计产品的名称、用途、设计要点和最能表明设计要点的图片或者照片等。用户可在提示语言后填写相应的说明文字。需要注意的是：外观设计简要说明中最能表明设计要点的图片，应当用文字描述，而不是插入视图，如图 6 – 104 所示。

外 观 设 计 简 要 说 明

标*的如下内容为必填项：

*1. 本外观设计产品的名称：__________

*2. 本外观设计产品的用途：本外观设计产品用于__________

提示：应填写有助于确定产品类别的用途，可写明该产品的所属领域、使用方法、使用场所或使用对象等，如“路灯”，本外观设计产品的用途：本外观设计产品用于室外照明；若请求保护的外观设计产品为零部件，还应写明其应用的产品，如 “硅片”， 本外观设计产品的用途：本外观设计产品用于吸收太阳光，是太阳能电池的部件；不能以分类号代替用途。

*3. 本外观设计产品的设计要点：__________

*4. 最能表明本外观设计设计要点的图片或照片：__________

提示：填写一幅外观设计图片或照片的视图名称，如“主视图”。

**图 6－104　外观设计简要说明模板**

外观设计简要说明文字编辑完毕后，点击编辑器页面左上角【保存】按钮，编辑器会自动规范正文格式，并展示 XML 格式的外观设计简要说明文本，如图 6－105 所示。

外 观 设 计 简 要 说 明

1. 本外观设计产品的名称：水壶
2. 本外观设计产品的用途：本外观设计产品用于水壶
3. 本外观设计产品的设计要点：产品形状
4. 最能表明本外观设计设计要点的图片或照片：主视图

**图 6－105　保存外观设计简要说明模板**

保存成功后，编辑器左上方"文档"框内"外观设计简要说明"选项旁，将自动显示页数，如图 6 – 106 所示。

图 6 – 106　保存外观设计简要说明

# 第十二节　国际申请修改文件的编辑

电子申请客户端提供了按照《专利合作条约》第 19 条、第 34 条、第 28/41 条的修改文件模板和按照《专利合作条约》第 19 条、第 34 条、第 28/41 条的修改声明或说明的模板，用户可以根据需要选择相应的模板进行编辑或导入。

## 一、XML 格式修改文件的编辑

使用客户端《专利合作条约》第 19 条、第 34 条、第 28/41 条的修改文件的模板，直接在模板上进行编辑的，系统将自动生成 XML 格式的修改文件。

具体操作：在编辑器"修改译文"模块中点击【新建】，在弹出的修改类型中选择《专利合作条约》第 19 条、第 34 条或第 28/41 条修改，系统将显示相应的修改文件模板，选中需要的模板后，在对话框下方"建立方式"栏中选择"新建"后选择模板，点击下方【确定】按钮，即在系统右侧打开了所需的文件模板，如图 6 – 107 所示。

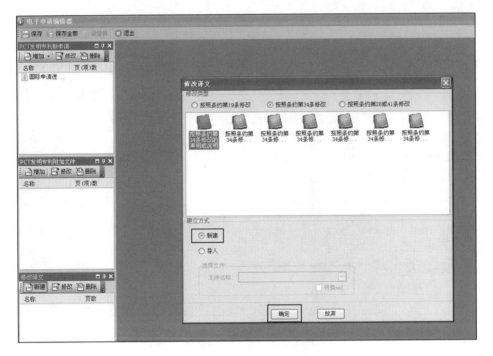

**图 6-107　新建修改文本**

## 二、WORD 或 PDF 格式修改文件的编辑

　　如果用户事先已经做好 WORD 或者 PDF 格式的修改文件，也可直接导入客户端中提交。在编辑器"修改译文"模块中点击【新建】，在弹出的修改类型中选择《专利合作条约》第 19 条、第 34 条或第 28/41 条修改，系统将显示相应的修改文件模板，选中需要的模板后，在对话框下方"建立方式"栏中选择"导入"，并找到需要导入的 WORD 格式或者 PDF 格式的修改文件，点击【打开】。再在"修改译文"对话框中点击【确定】，即完成了修改文件的导入，如图 6-108 所示。

## 三、修改对照页的编辑

　　提交按照《专利合作条约》第 34 条规定修改的说明书、按照《专利合作条约》第 28/41 条规定修改的说明书等文件时，应在修改说明或声明中对修改部分作出说明，或者提交修改对照页。

　　具体操作：在"PCT 发明专利附加文件"中点击下方【增加】后，在弹出对话框的文件列表中选择"修改对照页"，点击【确定】，系统弹出创建文

**图6-108  导入修改文本**

件的对话框，选择"新建"或"导入"即可编辑或导入修改对照页，如图6-109（a）、图6-109（b）所示。

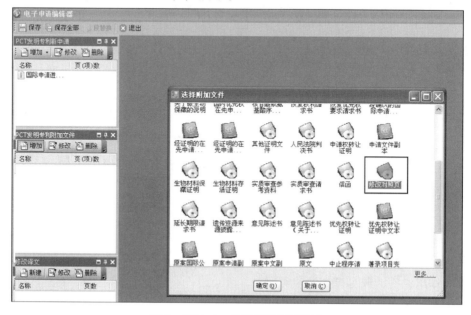

**图6-109(a)  创建修改对照页1**

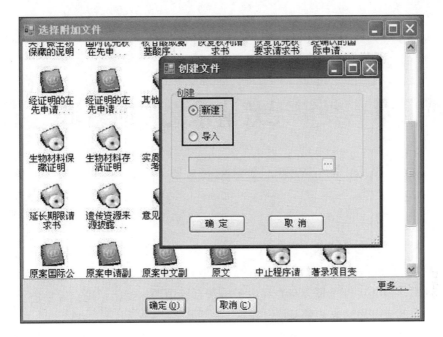

图 6 - 109(b)　创建修改对照页 2

# 第七章 复审无效请求文件的编辑

复审无效电子请求系统 2013 年 4 月 26 日正式上线运行，其系统定名为"专利复审和无效宣告电子请求系统"，尽管名称上看似和专利电子申请系统有区别，但其运行是整合在专利电子申请系统中的，编辑、提交等功能全部融合在专利电子申请客户端。

复审无效电子请求服务于复审请求人、无效宣告程序双方当事人，当事人注册成为电子申请用户后，可以使用电子形式提交复审和无效程序中的请求文件和中间文件。

复审无效请求，可以看作专利审查程序的延续，办理复审无效请求的手续文件可以作为中间文件处理；但是复审无效请求需要进行重新立案并受理，给出不同于申请号的委内编号，因此也可以作为一种复审无效业务的"新申请"。

复审无效电子请求当前支持的用户：对于复审程序的提交人，要求在提交复审电子文件之前本申请已经是电子申请，且提交人具有申请阶段的提交权限；对于无效宣告程序中的任意一方当事人，如果是有效的电子申请用户，则可以以电子形式提交请求文件和中间文件。

使用"专利复审和无效宣告电子请求系统"，需要将客户端升级到最新版本，客户端首界面【复审无效】的按钮可用，如图 7-1 所示。

专利复审和无效宣告电子请求系统使用步骤如下。

①首先需要办理电子申请用户注册手续，获得用户代码和密码。

②登录电子申请网站，下载数字证书和安装客户端软件。

③将客户端升级至最新版本。

④制作和编辑电子请求文件。

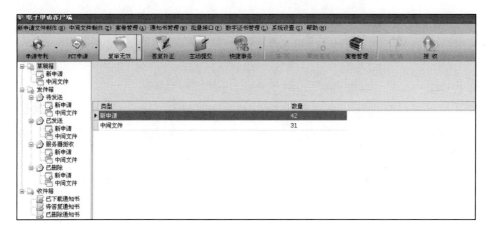

图 7 - 1 复审无效图标

⑤使用数字证书对电子请求文件进行签名。

⑥提交电子请求文件并接收电子回执。

⑦接收纸质通知书,针对所提交的电子请求提交中间文件。

本章将主要介绍复审无效新请求文件的编辑,关于中间文件的编辑参见本书第八章。

目前客户端提供的请求文件编辑入口在客户端页面的左上角,如图 7 - 2 所示。

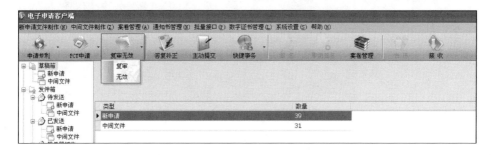

图 7 - 2 复审无效请求文件编辑入口

# 第一节　复审请求书的编辑

　　用户可以使用客户端进行专利复审请求的编辑、签名和提交，具体操作方式和专利电子申请操作方式类似。提出复审请求，应当提交复审请求书。

　　双击客户端编辑器界面左边"文档"栏的复审请求书，则系统自动打开复审请求书模板，如图7-3所示。

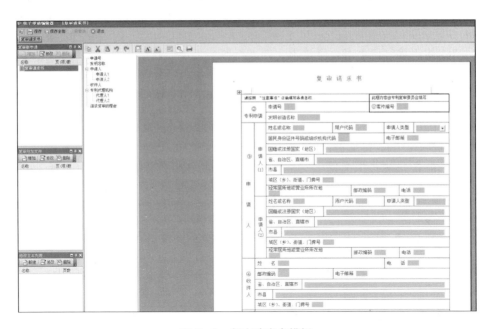

图7-3　复审请求书模板

复审请求书模板的填写，有具体的填表说明，如图 7-4 所示。

| 复 审 请 求 书 | | | | |
|---|---|---|---|---|
| 请按照"注意事项"正确填写本表各栏 | | | 此栏内容由专利复审委员会填写 | |
| ② 专利申请 | 申请号 200980119114X | | ①案件编号 | |
| | 发明创造名称 可折叠鸟笼 | | | |
| ⑨ 申 请 人 | 申请人(1) | 姓名或名称 北京创新科技发展有限公司 | 用户代码 | 申请人类型 工矿企业 |
| | | 居民身份证件号码或组织机构代码 11003456-2 | | 电子邮箱 |
| | | 国籍或注册国家（地区） 中国 | | |
| | | 省、自治区、直辖市 北京市 | | |
| | | 市县 西城区 | | |
| | | 城区（乡）、街道、门牌号 月坛北街1023号 | | |
| | | 经常居所地或营业所所在地 中国 | 邮政编码 100077 | 电话 010-98910957 |
| | 申请人(2) | 姓名或名称 | 用户代码 | 申请人类型 |
| | | 国籍或注册国家（地区） | | |
| | | 省、自治区、直辖市 | | |
| | | 市县 | | |
| | | 城区（乡）、街道、门牌号 | | |
| | | 经常居所地或营业所所在地 | 邮政编码 | 电话 |
| ④ 收件人 | 姓 名 | | 电 话 | |
| | 邮政编码 | 电子邮箱 | | |
| | 省、自治区、直辖市 | | | |
| | 市县 | | | |
| | 城区（乡）、街道、门牌号 | | | |
| ⑤ 专利代理机构 | 名称 北京科学技术专利事务所 | | 代码 91448 | |
| | 代理人(1) | 姓 名 刘星 | 代理人(2) | 姓 名 杨树 |
| | | 执业证号 9144812345.6 | | 执业证号 9144865432.1 |
| | | 电 话 010-98980808 | | 电 话 010-98980808 |
| ⑥根据专利法第41条第1款及专利法实施细则第60条第1款的规定，对国家知识产权局于 2014 年 4 月 30 日发出的对上述专利申请的驳回决定不服，请求复审。 | | | | |

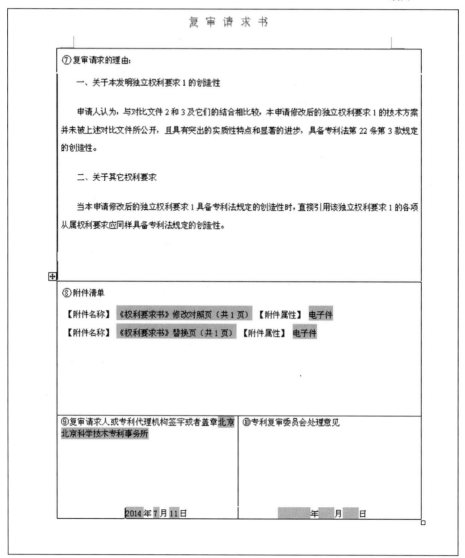

图 7-4　复审请求书

1. 专利申请栏

复审请求书的第②栏为专利申请栏，需要填写正确的发明创造名称和申请号，申请号应当半角输入，不需要输入校验位前的"."，校验位的"X"应当大写。

2. 申请人

复审请求书的第⑨栏需要填写申请人信息。具体填写要求与普通国家申请相同，请参见本书第六章第三节的内容。

3. 收件人

复审请求书的第④栏应当完整填写收件人姓名、地址、邮政编码、电子邮箱和电话号码，联系人只能填写一人，且应当是本单位的工作人员。申请人为个人且需由他人代收国家知识产权局专利局所发信函的，也可以填写收件人。

4. 专利代理机构

复审请求书的第⑤栏应当填写代理机构信息。具体填写要求与普通国家申请相同，请参见本书第六章第三节的内容。

5. 复审请求的理由

复审请求书的第⑦栏应当填写提出复审请求的具体理由。该栏支持文字编辑方式，如果涉及公式或化学式，也可以通过粘贴复制的方式完成填写，或者通过其他证明文件提交。

6. 附件清单

如果申请人在提出复审请求的同时需要提交其他文件，则进行如下操作：用户需要点击【复审附加文件】中的【增加】按钮，如图7－5所示。

图7－5 复审附加文件

在弹出的对话框中选择需要添加的文件模板，如果对话框里没有需要的文件模板，则点击右下角的【更多…】链接，从新打开的对话框中选择需要的文件模板添加，如图7-6所示。

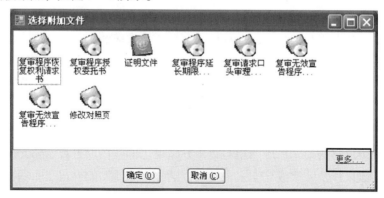

**图7-6  附加文件模板**

附加文件模板包括：

①复审程序恢复权利请求书。

②复审程序授权委托书。

③证明文件。

④复审程序延长期限请求书。

⑤复审请求口头审理通知书回执。

⑥复审无效宣告程序补正书。

⑦复审无效宣告程序意见陈述书

⑧修改对照页。

编辑完成附加文件后，点击工具栏【表格向导功能键】"导入附件清单"至复审请求书第⑧栏，如图7-7所示。

**图7-7  导入附件清单**

7. 签章

委托代理机构的，应当由代理机构签章。未委托代理机构的，复审请求书第⑨栏应为代表人的签章，签章名称应与注册用户名称一致。如果名称中有括号的应注意保持全角和半角的一致。

8. 保存与校验

保存复审请求书时，系统会自动校验请求书中填写的信息项，给出校验结果，用户可以根据校验结果返回请求书相应的位置进行修改，修改完成后再次保存，注意仔细核对所列项目是否全部更正。

# 第二节　专利权无效宣告请求书的编辑

用户可以使用客户端进行专利权无效宣告请求书的编辑、签名和提交，具体操作方式和专利电子申请文件编辑方式类似。提出专利权无效宣告请求，应当提交专利权无效宣告请求书。

双击客户端编辑器界面左边"文档"栏的专利权无效宣告请求书，则系统自动打开专利权无效宣告请求书模板，如图 7-8 所示。

1. 专利申请

专利权无效宣告请求书的第②栏为专利申请栏，除正确填写申请号和发明名称外，还需要填写专利权人和授权公告日，格式是 YYYY - MM - DD。

2. 无效宣告请求人

专利权无效宣告请求人栏，除"用户代码"外，其他内容必须完整填写或者选择。如果专利权无效宣告请求人是外国个人、企业或其他组织，仅需填写"姓名或名称"、"国籍或注册国家（地区）"、"经常居所地或营业所所在地"即可。

3. 收件人栏和专利代理机构

专利权无效宣告请求书第④栏应当填写收件人信息，填写要求与复审请求书相同，参见本章第一节。专利权无效宣告请求书的第⑤栏应当填写代理机构信息。具体填写要求与专利电子申请相同，请参见第五章。

4. 无效宣告请求的理由、范围及所依据的证据

专利权无效宣告请求书的第⑦栏填写无效宣告请求的理由、范围及所依据的证据。可以使用【表格向导功能键】"编辑第⑦栏"。每一理由/法条单独编

辑，可编辑多次。

<br>

专 利 权 无 效 宣 告 请 求 书

| 请按照 "注意事项" 正确填写本表各栏 | | | 此框内容由专利复审委员会填写 | |
|---|---|---|---|---|

② 专利申请

| 专利号 201220213524X | 授权公告日 2012-11-02 | ①案件编号 |
|---|---|---|
| 发明创造名称 可折叠鸟笼 | | |
| 专利权人 王明 | | |

无效宣告请求人

| 姓名或名称 张红 | 用 户 代 码 11010196106011122 | 电话 18150739760 |
|---|---|---|
| 居民身份证件号码或组织机构代码 11010196106011122 | | 电子邮箱 zhanghong@163.com |
| 国籍或注册国家（地区） 中国 | | 邮政编码 100088 |
| 经常居所地或营业所所在地 中国 | | |
| 省、自治区、直辖市 北京市 | 市县 海淀区 | |
| 城区（乡）、街道、门牌号 花园路 999 号 | | |

④ 收件人

| 姓名 | 电话 |
|---|---|
| 电子邮箱 | 邮政编码 |
| 省、自治区、直辖市 | 市县 |
| 城区（乡）、街道、门牌号 | |

⑤ 专利代理机构

| 名称 北京科学技术专利事务所 | 代码 91448 |
|---|---|

| 代理人(1) | 姓 名 刘星 | 代理人(2) | 姓 名 杨树 |
|---|---|---|---|
| | 执业证号 9144812345.6 | | 执业证号 9144865432.1 |
| | 电 话 010-98980808 | | 电 话 010-98980808 |

⑥ 根据专利法第45条及专利法实施细则第65条的规定，对上述专利权提出无效宣告请求。

⑦无效宣告请求的理由、范围及所依据的证据

| 理 由 | 范 围 | 依据的证据 |
|---|---|---|
| 专利法第 22 条，第 1、2、3 款 实施细则第 21 条，第 2 款 | 权利要求 1 | 朱以说明书为依据 |

续图 7 - 8

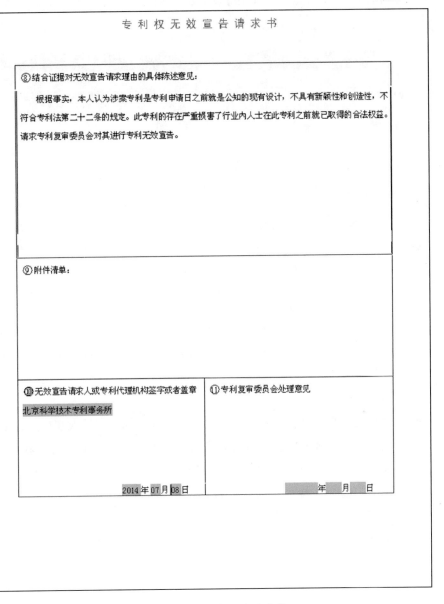

**图 7 - 8 专利权无效宣告请求书**

无效宣告请求的理由输入完成后，点击【添加】，结果出现在右侧的文本框中；如果需要增加其他理由，重复上述操作；全部输入完成后点击【退出】。右侧的文本框支持理由的"上移"、"下移"和"删除"操作。选中需要调整理由的顺序，点击【上移】或【下移】来进行顺序调整，如图 7 – 9 所示。

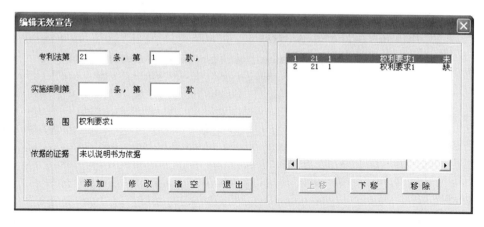

**图 7 – 9　编辑专利权无效宣告请求书第⑦栏**

5. 结合证据对无效宣告请求理由的具体陈述意见

专利权无效宣告请求书的第⑧栏为结合证据对无效宣告请求理由的具体陈述意见，应当在此栏结合证据具体说明理由，该栏填写支持文字编辑和图片粘贴方式。

6. 附件清单

专利权无效宣告请求书的第⑨栏为附件清单，如果申请人在提出无效请求的同时需要提交其他文件，则进行如下操作：用户需要点击【无效附加文件】中的【增加】按钮，在弹出的对话框中选择需要添加的文件模板，如果对话框里没有需要的文件模板，则点击右下角的【更多】链接，从新打开的对话框中选择需要的文件模板添加。

附加文件模板包括：

①复审无效宣告程序补正书。

②复审无效宣告程序意见陈述书。

③无效宣告案件加快审查请求书（不公开）。

④无效宣告请求口头审理通知书回执。

⑤证明文件。

⑥专利权无效宣告程序授权委托书和修改对照页。

编辑完成附加文件后，附件清单可在【表格向导功能键】的"导入附件清单"中编辑，如图7-10所示。

图7-10 导入附件清单

# 第八章 中间文件的编辑

国家知识产权局第五十七号局令《关于专利电子申请的规定》第七条第一款规定：申请人办理专利电子申请各种手续的，应当以电子文件形式提交相关文件。除另有规定外，国家知识产权局不接受申请人以纸件形式提交的相关文件。不符合本款规定的，相关文件视为未提交。新申请是电子申请的（包括由纸件申请转成的电子申请），其"中间文件"一般情况应当采用电子文件形式提交。此规定的解读应当注意以下几个方面。

## 一、何谓"中间文件"

对于专利申请文件，有两种分类方法，一种以文件提交时间划分，可分为新申请文件和申请后提交文件；一种以文件类型划分，分为申请文件和其他文件（又称附加文件）。本章所讲的"中间文件"既包括新申请时提交的附加文件，同时也包括申请后提交的申请文件和附加文件。

## 二、第五十七号局令第七条第一款中"另有规定"的情形

办理电子申请的手续，可以接受纸件形式提交的文件的，包括以下两种情形：

①国家知识产权局五十七号局令第八条第一款规定：申请人办理专利电子申请的各种手续的，对专利法及其实施细则或者专利审查指南中规定的应当以原件形式提交的相关文件，申请人可以提交原件的电子扫描文件。

需要注意的是，规定中用"可以"提交原件的电子扫描文件，另一层含义就是"也可以"提交纸件原件。所以说这是电子申请可以提交纸件形式中间文件的一种情形。

②国家知识产权局五十七号局令第七条规定了"申请人"办理的各种手续，而对于非申请人（包括社会公众、利害关系人等）办理的手续和非专利审查类手续并未明确规定必须采用电子文件形式，是可以提交纸件形式请求文件的，这些手续包括：

实用新型检索报告请求

缴款人为非申请人提出的退款请求

恢复权利请求

专利权评价报告请求

中止请求

法院要求协助执行财产保全

专利权无效宣告请求

行政复议请求

社会公众提出的意见

### 三、电子申请中间文件提交权限

《专利审查指南2010》中规定，办理专利申请的各种手续需要该专利申请的特定角色提出，包括全体申请人、申请人中的代表人、共同申请人、申请人委托的专利代理机构和社会公众、利害关系人等，无权提交特定手续的角色提交的相关文件将被视为未提出。在电子申请子系统中，只有符合规定的角色才能通过电子申请系统提交相应的中间文件，否则电子申请系统在提交时将予以拒收。

电子申请系统中对专利申请设定了提交权限，电子申请提交权限有三种情况。

1. 应当由申请人（或其委托的代理机构）办理的审查类手续

委托代理机构的，该申请的提交权限人为代理机构；多个申请人且未委托代理机构的，该申请的提交权限人为代表人；一个申请人且未委托代理机构的，该申请的提交权限人为申请人。

对于需要申请人办理的审查手续，电子申请系统仅允许提交权限人提交该手续相关文件，非提交权限人提交的手续文件在提交时拒收。

2. 应当由非申请人办理的手续或者非专利审查类手续

通过电子申请系统提交实用新型检索报告请求、缴款人为非申请人提出的退款请求、恢复权利请求、专利权评价报告请求、中止请求、专利权无效宣告请求或社会公众提出的意见陈述相关文件的，电子申请系统不对这些文件进行提交权限的验证，只要是电子申请用户，均可以使用自己的数字证书对任何电子申请提交上述手续的请求文件。

小秘书：实用新型检索报告请求、缴款人为非电子申请提交人提出的退款请求、恢复权利请求、专利权评价报告请求、中止请求、专利权无效宣告请求或社会公众提出的意见陈述电子申请系统不设定提交权限的限制，既可以通过电子申请提交相关请求文件的，也可以直接提交纸件形式的手续文件。

而对于人民法院保全和行政复议请求，不能提交电子形式的请求文件，只能通过纸件形式提交相关文件。

3. 著录项目变更手续

《专利审查指南 2010》第一部分第一章 6.7.1.4 节规定：因权利转移引起的变更，也可以由新的权利人或者其委托的专利代理机构办理。也就是说，著录项目变更手续文件既可以由变更前的申请人提出，也允许变更后新的申请人提出。因此，电子申请系统对于著录项目变更手续不进行提交权限的限制。

电子申请系统中提交权限校验是通过数字证书实现的，用户的数字证书一旦注销重签，用户需要通过电子申请网站自行修改申请对应提交权限，参见本书第四章第八节。

申请的提交权限并非一成不变，涉及到提交权限人对应的代理机构、申请人或代表人主动提出著录项目变更手续或特定审查结论导致的著录项目变更的，提交权限会随之发生变化。涉及变更情形包括：

①委托代理机构的变更。

②解聘代理机构的变更。

③辞去委托的变更。

④未委托代理机构，涉及代表人发生变化的申请人（或专利权人）的变更。

⑤未委托代理机构，申请人（或专利权人）不变化，仅更换代表人的变更。

⑥视为未委托代理机构导致的变更。

小秘书：申请人更名的变更电子申请提交权限不发生变化。

## 四、客户端中间文件的编辑入口

1. 新申请附加文件的编辑入口

新申请除提交申请文件外，同时也会提交必要的附加文件。如本书第六章介绍的在客户端选择一个发明专利新申请案卷，客户端弹出"电子申请编辑器"界面，如图 8 - 1 所示。

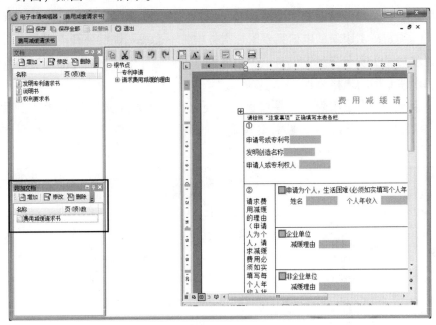

**图 8 - 1　增加附加文件模板**

编辑器左侧上方为申请文件编辑列表框，左侧下方为附加文件编辑列表框，如上图中框线标出区域。如果需要添加附加文件表格模板，点击【增加】，客户端将弹出如图 8 - 2 所示"选择附加文件"对话框。

**图 8 - 2　新申请选择附加文件列表**

对话框中列出了可以选择的表格模板，需要注意的是，由于某些手续仅针对特定专利类型，根据专利申请类型的不同，可以选择的附加文件类型也有所不同。例如在实用新型申请案卷附加文件中将不会找到提前公开声明、实质审查请求书、实质审查参考资料、生物材料保藏证明和生物材料存活证明等发明专利申请专用的表格模板。

为保证用户使用附加文件模板的方便，选择"附加文件"对话框中默认列出常用的表格模板，如果需要调取其他表格模板，点击图8－2右下方的【更多…】，弹出如图8－3所示的对话框。

图8－3 增加附加文件表格模板

对话框左侧列出是该专利类型申请所有附加文件表格，右侧"已选项目"栏是需要在"选择附加文件"显示的表格模板，可以通过上图框线标出的【 > 】、【 >> 】、【 < 】、【 << 】调整在图8－2"选择附加文件"对话框中显示的备选模板。

2. 申请后提交文件的编辑入口

客户端提供了三个中间文件编辑入口，分别是"答复补正"、"主动提交"和"快捷事务"，中间文件编辑入口在客户端中的位置如图8－4所示。三个入口的编辑和提交方式并无不同，仅是进入编辑模式的途径不同。

（1）答复补正

答复补正是指对本机客户端收到或导入的电子申请通知书直接进行答复或补正。

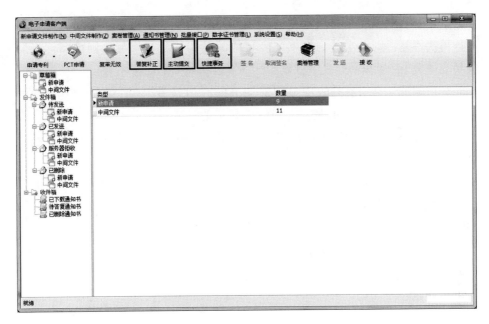

图 8 - 4　中间文件编辑入口

　　客户端首页点击【答复补正】，弹出的界面如图 8 - 5 所示，界面左侧中间的列表中展示了客户端收件箱中接收的电子申请通知书，选择需要答复或补正的通知书。

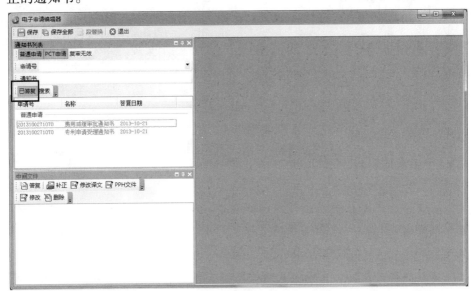

图 8 - 5　选择答复通知书

系统默认显示的是"未答复"的通知书，如果需要针对已答复的通知书进行再次答复，则点击【通知书列表】栏的【未答复】图标，则该图标将变成【已答复】，通知书列表中将显示已答复过的通知书信息。

客户端通知书信息列表中显示通知书的"申请号"、通知书"名称"和"答复日期"，需要注意的是，客户端中显示的答复日期并不准确，不会计算十五天的邮路和节假日顺延等日期，答复期限需要以通知书内容指明的答复日期为准。

选中需要答复或补正的通知书，可以点击左侧下方的【增加】、【补正】、【修改译文】或【PPH 文件】，如图 8-6 所示，可以调取相应的文件模板进行编辑。

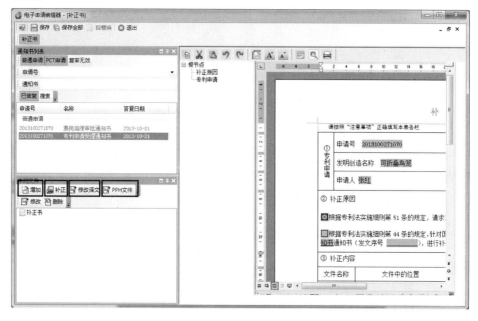

图 8-6　中间文件编辑

小秘书：

①【修改译文】中的文件模板是 PCT 进入国家阶段申请的专用表格，客户端会自动判断该专利申请的类型，非 PCT 申请则【修改译文】标签将自动屏蔽。

②【PPH 文件】是指审查高速公路相关文件表格，PPH 仅限于发明专利申请，对于实用新型和外观设计专利申请，则【PPH 文件】标签将自动屏蔽。

（2）主动提交

主动提交是用户主动提交的手续文件，可以直接在客户端中建立中间文件案卷。

点击客户端首页【主动提交】快捷键，弹出"电子申请编辑器"界面，如图 8 - 7 所示。

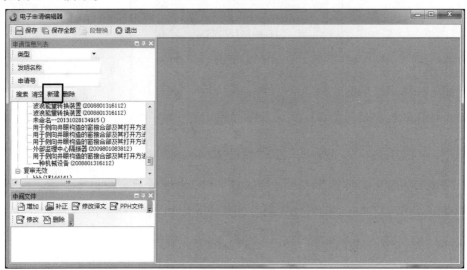

图 8 - 7　主动提交中间文件编辑

点击【新建】，客户端弹出【创建新申请信息】的对话框，如图 8 - 8 所示。

图 8 - 8　创建中间文件案卷

选择"申请类型"，申请类型包括：普通申请发明、普通申请新型、普通申请外观、PCT 申请发明和 PCT 申请新型、复审请求、无效宣告请求。

在创建新申请信息界面的申请填写框中输入正确的国家申请号，申请号应当半角输入，不需要输入校验位前的"."，校验位的"X"应当大写。如申请类型选择 PCT 申请发明或 PCT 申请新型，在收到进入国家阶段通知书之前，允许输入国际申请号，如图 8 – 9 所示，点击【申请号】按钮，选择"国际申请号"选项。

**图 8 – 9　国际申请号创建中间文件案卷**

输入发明名称，点击【确定】按钮，则编辑器页面左侧建立该申请的案卷信息。随后可以点击编辑器界面左下方的【增加】、【补正】、【修改译文】或【PPH 文件】按钮，调取相应的表格模板进行编辑，如图 8 – 6 所示。

（3）快捷事务

快捷事务目前包括中止请求、实质审查请求、恢复请求、延长期限、撤回声明五种手续，当然这些手续也可以通过"答复补正"和"主动提交"进入编辑。

# 第一节　费用减缓请求

## 一、费用减缓请求的相关规定

申请人可以就申请费（不包括公布印刷费、申请附加费）、发明专利申请实质审查费、复审费、年费（自授予专利权当年起三年的年费）提出费用减缓请求。

提出专利申请时以及在审批程序中，申请人可以请求减缓应当缴纳但尚未到期的费用。提出费用减缓请求的，应当提交"费用减缓请求书"，必要时还应当附具证明文件。费用减缓请求书应当由全体申请人签字或者盖章；申请人委托代理机构办理费用减缓手续并提交声明的，可以由代理机构盖章。委托代理机构办理费用减缓手续的声明可以在代理委托书中注明，也可以单独提交。

## 二、电子申请费用减缓请求的要求

电子申请是通过数字证书验证提交人身份的，从而实现电子签名。电子申请系统是在客户端"签名"操作时嵌入用户的电子签名，一个电子申请案卷只能包含一个数字证书信息，不支持一个案卷使用多个数字证书进行签名。

已委托代理机构的，应当由代理机构使用其数字证书提交电子新申请或中间文件，提交的文件中签名是代理机构的电子签名，代理机构提交的"费用减缓请求书"中是代理机构的电子签名。因此，委托代理机构使用电子申请办理费用减缓手续的，"费用减缓请求书"是无法由申请人进行电子签名的，需要提交"费用减缓请求书"电子表格和已注明委托代理机构办理费用减缓手续的代理委托书电子表格。

但是对于申请人已交存总委托书的，可通过客户端填写代理委托书电子表格并勾选委托办理费用减缓手续的声明，无需提交相应的代理委托书扫描文件。

## 三、费用减缓请求书的编辑

在客户端电子文件编辑器中点击【增加】按钮，选择费用减缓请求书模板，如图 8 – 10 所示。

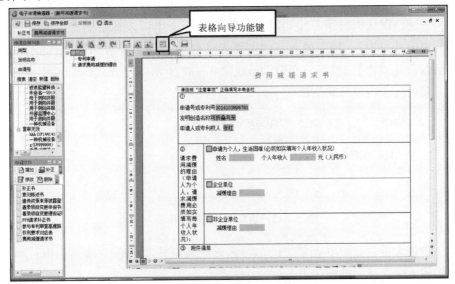

**图 8 – 10　费用减缓请求书的编辑**

申请人提交新申请同时提交费用减缓请求书的，不需要填写此请求书第①栏“申请号或专利号”的内容。

申请人提交中间文件时提交费用减缓请求书的，需要申请人自行填写此请求书第①栏中的“申请人或专利权人”，第①栏中的“申请号”、“发明创造名称”内容由客户端自动填写。

费用减缓请求书第②栏根据申请人类型勾选并在减缓理由框中填写费用减缓理由。

对于申请人是个人的，应当点击上图框中【表格向导功能键】，选择“编辑申请人减缓”，弹出对话框，如图 8－11 所示。

编辑请求减缓理由申请人
姓名
王南
个人年收入
13000
元(人民币)
1 张红 20000
2 王南 13000
增加
修改
清空
退出
上移
下移
移除

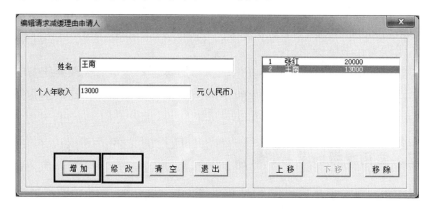

**图 8－11　编辑申请人个人年收入**

系统已默认编辑第一个申请人，输入第一个申请人的姓名和个人年收入后，点击【修改】；随后输入其他申请人信息后，点击【增加】，全部输入完成后点击【退出】，模板将会自动形成图 8－12 所示填写样式，应当注意的是个人年收入应当填写阿拉伯数字。

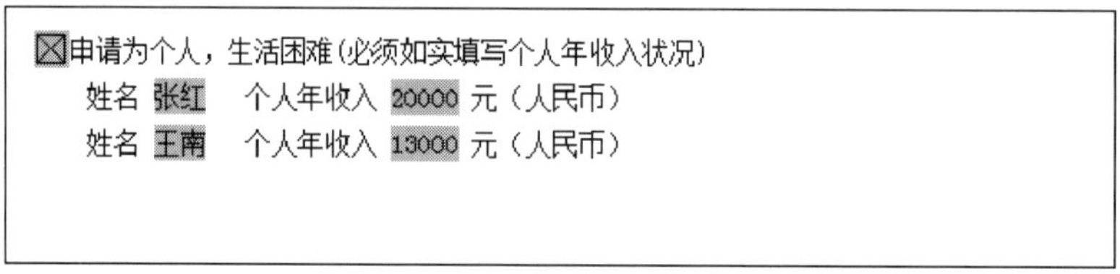

☒申请为个人，生活困难(必须如实填写个人年收入状况)
姓名 张红 个人年收入 20000 元（人民币）
姓名 王南 个人年收入 13000 元（人民币）

**图 8－12　填写个人申请人年收入**

申请人是企业或事业单位的，勾选对应类型并如实在“减缓理由”输入框中输入请求费用减缓理由。

新申请同时提出费用减缓请求，并需要提交费用减缓证明的，应当在提出专利申请时提交证明文件原件的电子扫描文件，费用减缓请求书第③栏一般不需填写附件情况。

申请受理后以中间文件提出费用减缓请求，同时提交费用减缓证明电子扫描件的，费用减缓请求书第③栏一般也不必填写。

只有以中间文件提出费用减缓请求，不以电子扫描件通过电子申请提交，以纸件形式提交费用减缓证明的，才需要填写费用减缓请求书第③栏的内容，同样点击图8－10中【表格向导功能键】，选择"编辑附件"，如图8－13所示。

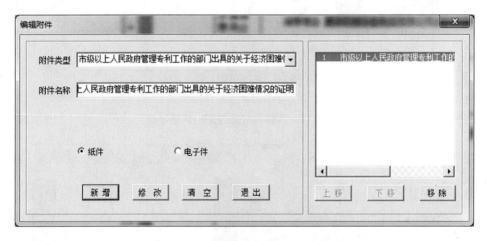

**图8－13　编辑费用减缓请求书附件**

选择"附件类型"，填写"附件名称"，点击【新增】，可以继续添加多个附件。

## 四、费用减缓证明的编辑

点击中间文件的附加文件【增加】，打开费用减缓证明模板，如图8－14所示。

费用减缓证明为空白模板，不能输入任何文字内容，只允许插入费用减缓证明的电子扫描文件。点击编辑器页面上方工具栏【表格向导功能键】，选择"编辑图片或照片"，弹出对话框如图8－15所示。

**图 8 - 14　选择费用减缓证明表格模板**

**图 8 - 15　导入费用减缓证明扫描文件**

导入符合格式要求的图片，输入图片的文字描述，例如输入"市级以上知识产权部门出具的费用减缓证明"，点击【添加】。

如有多个费用减缓证明的图片，可重复多次点击【添加】操作。

# 第二节　专利代理委托手续

## 一、专利代理委托手续的相关规定

申请人委托代理机构申请专利和办理其他专利事务的，应当提交委托书。委托书应当使用专利局制定的标准表格，写明委托权限、发明创造名称、专利代理机构名称、代理人姓名，并应当与请求书中填写的内容相一致。申请人是个人的，委托书应当由申请人签字或者盖章；申请人是单位的，应当加盖单位公章，同时也可以附有其法定代表人的签字或者盖章；申请人有两个以上的，应当由全体申请人签字或者盖章。此外，委托书还应当由代理机构加盖公章。

## 二、电子申请专利代理委托手续的要求

委托代理机构提交专利电子申请和文件的，需要提交电子表格形式的代理委托书和代理委托书原件的电子扫描件，确因条件限制无法提交电子扫描文件的，也可以提交原件。

提交新申请，委托的代理机构已经在专利局交存总委托书的，可在请求书中填写总委托书编号，不需要提交电子表格形式的代理委托书和代理委托书原件的电子扫描件。

## 三、电子表格专利代理委托书的编辑

在客户端电子文件编辑器中点击【增加】按钮，选择代理委托书模板，如图 8 - 16 所示：

代理委托书电子表格与纸件代理委托书的格式和填写内容基本一致，应写明委托权限、发明创造名称、代理机构名称、代理人姓名，并应当与请求书中填写的内容一致。

填写代理委托书需要注意四个方面的内容。

①提出专利申请同时提出费用减缓请求的，应当在代理委托书中勾选委托人委托代理机构办理专利费用减缓手续的声明项，如图 8 - 17 所示。

图 8-16　选择代理委托书表格模板

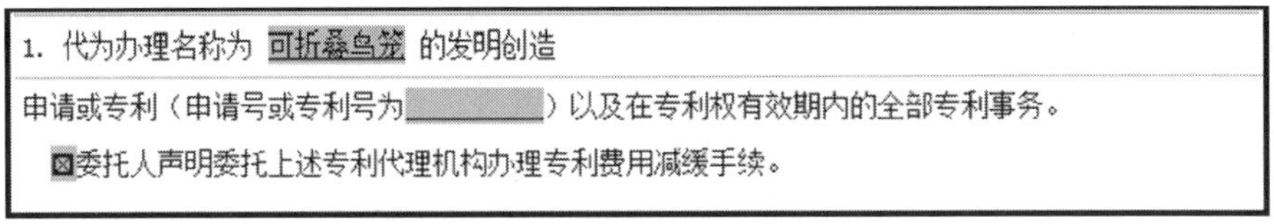

1. 代为办理名称为 可折叠鸟笼 的发明创造

申请或专利（申请号或专利号为 ◼◼◼◼◼◼ ）以及在专利权有效期内的全部专利事务。

☒委托人声明委托上述专利代理机构办理专利费用减缓手续。

图 8-17　办理费用减缓手续声明

②代理委托书属于国家知识产权局五十七号局令第八条规定的情形，需要提交原件的电子扫描文件或纸件原件，因此对于电子表格形式的代理委托书中的"委托人（单位或个人）"只需要输入全体委托人的姓名或名称。

仅有一个委托人的，可以直接在代理委托书表格模板"委托人（单位或个人）"框中输入姓名或名称。有多个委托人的，应当点击模板上方的【表格向导功能键】，选择"编辑委托人"，弹出对话框，如图 8-18 所示。

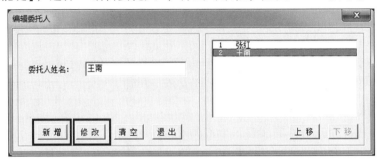

图 8-18　编辑委托人信息

系统已默认编辑第一委托人，输入第一个委托人姓名，点击【修改】，随后输入其他委托信息后，应当点击【增加】，全部输入完成后点击【退出】，多个委托人信息分别展示，如图 8 – 19 所示。

4. 其他
专利代理机构接收上述委托并指定专利代理人
【代理人姓名】 刘星
【代理人姓名】 杨树
办理此项委托。

| | | |
|---|---|---|
| 委托人（单位或个人） | 张红 | （盖章或签字） |
| 委托人（单位或个人） | 王南 | （盖章或签字） |
| 被委托人（专利代理机构） | 北京科学技术专利事务所 | （盖章） |

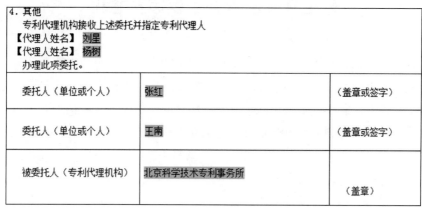

**图 8 – 19　委托书中委托人信息**

③电子表格形式的委托书第二页可以直接导入委托书原件的扫描文件，点击模板上方的【表格向导功能键】，选择“编辑图片或照片”，插入委托书电子扫描文件的图片即可。

④可以直接在表格模板中输入代理人姓名，如果已在客户端的“系统设置”中设置了代理人信息，也可以在编辑委托书时直接导入。点击模板上方的【表格向导功能键】，选择“导入代理人”，如图 8 – 20 所示。

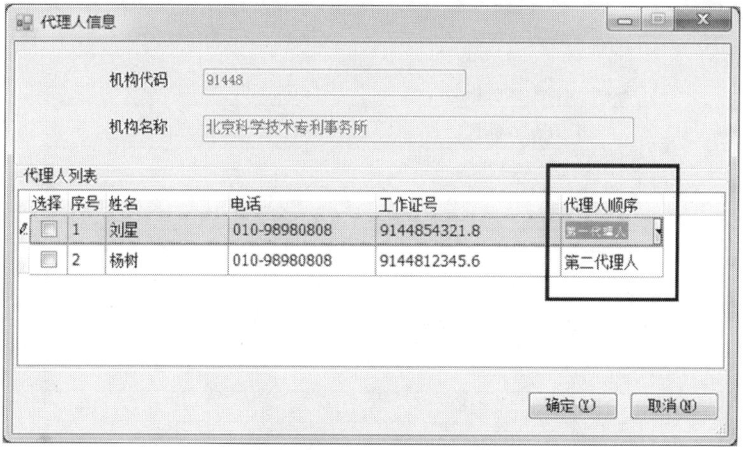

**图 8 – 20　导入代理人信息**

选择该申请的代理人，一个专利申请最多只能有两个代理人，两个代理人的可以通过图 8 - 20 所示调整代理人的顺序。

# 第三节　答复补正或审查意见

补正书和意见陈述书是使用频率较高的中间文件，当申请人在指定期限答复专利局发出的补正通知书，或者申请人对专利申请进行主动修改的，一般应当提交补正书。需要提交意见陈述书进行答复的包括以下几种情形：

①申请人对专利局发出的审查意见通知书陈述意见或者补充陈述意见。

②根据《专利法实施细则》第五十一条第一款、第二款规定主动修改。

③社会公众对已公布的专利申请意见。

④针对专利局审查结论提出异议。

## 一、补正书的编辑

在客户端电子文件编辑器左侧"中间文件"中点击【增加】按钮，选择补正书表格模板，如下图 8 - 21 所示。

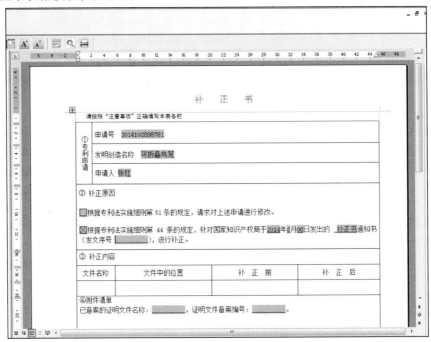

**图 8 - 21　补正书表格模板**

编辑补正书时，应当注意其第③栏补正内容的填写，补正内容不能直接在模板中进行编辑，需要点击模板上方【表格向导功能键】，选择"编辑补正内容"，弹出对话框，如图8-22所示。

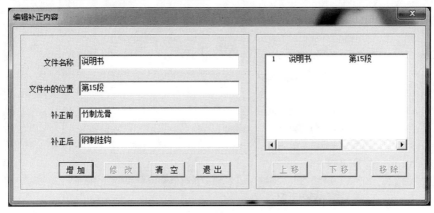

图8-22　编辑补正内容

在对话框中填写补正的"文件名称"、"文件中的位置"以及"补正前"、"补正后"内容。需要注意的是，目前专利审批是以代码数据作为审查基础，申请文件的替换文件不再以"页"作为补正替换的单位，说明书是以"段"、说明书附图和外观设计的图片和照片是以"幅"、权利要求书是以"权项"作为替换的最小单位。

可以通过点击图8-22左侧下方【增加】按钮添加多条补正内容的记录，添加完成后点击【退出】，表格展示如图8-23所示。

| ③ 补正内容 | | | |
| --- | --- | --- | --- |
| 文件名称 | 文件中的位置 | 补　正　前 | 补　正　后 |
| 说明书 | 第15段 | 竹制龙骨 | 钢制挂钩 |
| 说明书附图 | 图14 | 线条模糊 | 重新绘制，线条清晰 |

图8-23　补正内容

如果补正内容过多，不必添加附页，补正书模板会根据补正内容自动延展成多页。

## 二、意见陈述书的编辑

在客户端电子文件编辑器左侧"中间文件"下方点击【增加】按钮，选择意见陈述书表格模板，如图 8 - 24 所示。

**图 8 - 24　意见陈述书表格模板**

编辑意见陈述书需要注意：

1. 第③栏"陈述的意见"部分不能为空

编辑意见陈述书的意见陈述部分，除可直接输入意见陈述的文字外，也可以插入简单表格和符合格式要求的图片。另外编辑器提供了包括：复制、剪切、粘贴、撤销、恢复、打印预览、打印文档、自定义查找等功能的工具栏，如图 8 - 25 所示。

**图 8 - 25　意见陈述书编辑工具栏**

例如：意见陈述部分需要插入表格，则应点击编辑工具栏的【插入图表】按钮，在弹出的对话框中输入行数和列数，如图 8 – 26 所示。

图 8 – 26　插入表格对话框

点击【确定】，客户端在模板中建立一个空白表格，可在表格中输入所需填写的内容，表格中不仅可以输入文字，还允许输入上下角标和插入图片，如图 8 – 27 所示。

③陈述的意见：

针对审查员发出的审查意见通知书作出答复。

| 序号 | | | | |
|---|---|---|---|---|
| 1 | $H_2O$ | | | |
| 2 | | | | |
| 3 | | | | |

图 8 – 27　简单表格的编辑示例

需要注意的是，XML 格式文件中仅支持简单表格的制作，涉及复杂表格，如需要嵌套表格或分割、合并单元格的，应将表格预先保存成图片，将图片插入意见陈述部分。

插入图片的操作：在意见陈述书的意见陈述部分定位到需要插入图片的位置，点击页面上方【表格向导功能键】，选择"插入图片"按钮，在弹出的对话框中找到图片存储路径，选中该路径下需要插入的图片，点击【打开】即可，如图 8 – 28 所示。

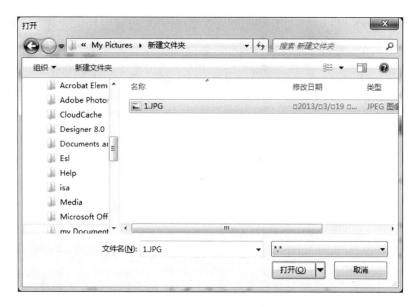

**图 8 - 28　插入图片对话框**

2. 陈述意见部分过多时，不必添加附页

客户端没有提供相应的附页的模板，将全部陈述意见直接填写在第③栏，意见陈述书模板会根据补正内容自动延展，并自动生成页码，不必添加附页。

### 三、申请文件替换文件的编辑

发明专利申请文件包括：发明专利请求书、说明书（必要时包括说明书附图或者说明书核苷酸或氨基酸序列表）、说明书摘要（必要时包括摘要附图）和权利要求书，依赖遗传资源完成的发明创造，还包括说明该遗传资源的直接来源和原始来源的遗传资源来源披露登记表。

实用新型专利申请文件包括：实用新型请求书、说明书、说明书附图、说明书摘要、摘要附图和权利要求书。

外观设计专利申请文件包括：外观设计请求书、外观设计图片或照片及外观设计简要说明。

需要注意的是，中间文件案卷包中不能提交申请文件替换文件，一般需要同时提交补正书或意见陈述书等"主文件"。仅提交替换文件不能构成一个完整请求，需要有表格文件写明申请号、申请人姓名或名称、发明名称、签章等必要信息，同时需要写明提交文件对应的审查程序或对应答复通知书等相关信息。

## （一）　电子申请请求书替换文件的特殊规定

专利局发出的《关于电子申请有关事项的业务通知（三）》中明确，电子申请的请求书内容需要补正的，用户仅针对缺陷部分提交补正书或者意见陈述书，不需要提交请求书替换文件。

这里所讲的请求书包括 PCT 国际申请进入国家阶段声明。

## （二）　遗传资源来源披露登记表

遗传资源披露登记表的填写和一般表格的填写相同，需要说明的是，对于纸件申请中涉及多项遗传资源来源的，在电子申请时需要提交多份遗传资源来源登记表。

多项遗传资源来源登记表的编辑方法：在客户端编辑遗传资源来源登记表，点击模板上方的【表格向导功能键】，选择"编辑遗传资源"，弹出对话框如图 8－29 所示，输入遗传资源来源信息，点击【修改】。然后输入第二项遗传资源来源信息，点击【新增】，将会在模板上自动添加多项遗传资源信息，同时披露表自动延展成多页。

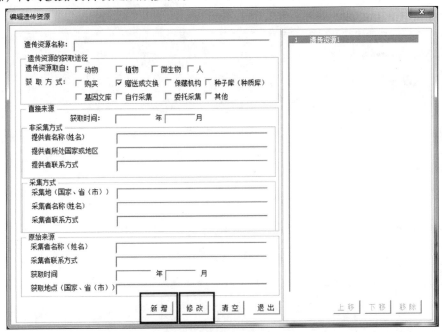

**图 8－29　编辑遗传资源来源信息**

## （三）XML 格式申请文件替换文件的编辑

点击如图 8-6 的中间文件编辑界面左下角的【补正】按键，如图 8-30 所示。

**图 8-30　选择补正申请文件**

系统会根据申请号判别申请的类型，弹出不同模板备选项的对话框，以发明专利申请为例如图 8-31 所示。

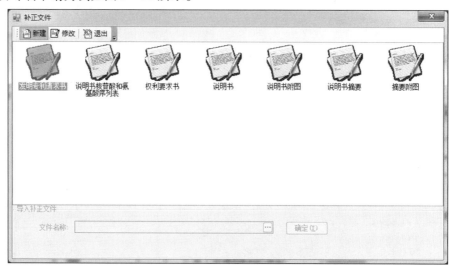

**图 8-31　选择申请文件表格模板 1**

实用新型申请备选模板包括：实用新型请求书、权利要求书、说明书、说明书附图、说明书摘要和摘要附图。

外观设计申请备选模板包括：外观设计请求书、外观设计图片或照片、外观设计简要说明。

申请文件替换文件的生成方式包括：【新建】和【修改】两种方式。"新建"是用户调用和新申请相同的空白申请文件模板，用户可以重新编辑并生成替换文件，这种方式与本书第六章新申请文件的编辑相同，可以编辑 XML 格式的申请文件替换文件，也可以导入 WORD 或 PDF 格式的替换文件；"修改"是在已存在作为 XML 格式的基础文本上进行一定修改后形成新的替换文件，下面重点介绍"修改"的编辑方式。

选择说明书模板，点击【修改】按键，出现如图 8 - 32 所示界面。

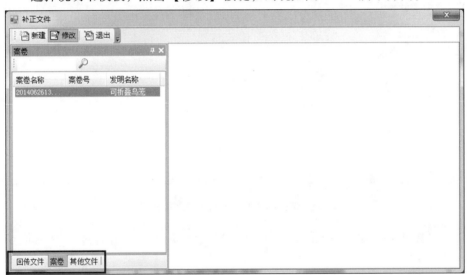

**图 8 - 32　以修改方式编辑申请文件替换文件**

请注意对话框左下方有三个标签，分别是"回传文件"、"案卷"和"其他文件"，这三个标签是指修改申请文件的基础文本的来源。

1. 回传文本

回传文本是指本机的客户端已下载的通知书中的 XML 格式回传文本，这种情况一般不常用。

2. 案卷

案卷是指本机客户端中存在含有 XML 格式的申请文件的案卷包，如图 8 - 32所示，案卷号显示在对话框左侧中间的列表中，列表中会显示"案卷名称"、"案卷号"和"发明名称"的信息。

3. 其他文件

其他文件是指 XML 格式的申请文件未存储在本机客户端，可以通过文件导入的形式进行编辑。

选择任何一个来源，其编辑方式是完全一样的，以选择"其他文件"为例，如图 8-33 所示。

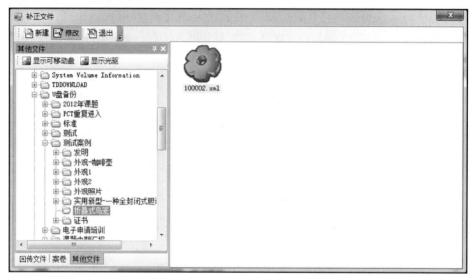

**图 8-33  选择作为修改基础的 XML 格式文件**

选择计算机中某一目录下的 XML 格式说明书，双击后弹出对话框如图 8-34 所示。

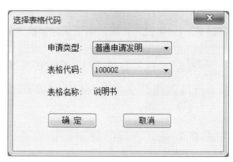

**图 8-34  确定替换文件类型**

选择表格类型"100002"，点击【确定】，如图 8-35 所示。

**图 8 - 35　选择替换文件修改范围**

出现的界面左侧是导入的原始的作为修改基础的说明书，系统设置为"只读模式"，界面右侧中间的小对话框展示了该说明书的所有段落编号。因说明书是按段替换的，应当选择需要修改的段落编号。例如：在小对话框中选择"0004"段，点击中间的"▶"，再选择"0008"段，点击中间的"▶"，最后点击【确定】。右侧会出现保留了发明名称和小标题，而正文仅保留第"0004"和"0008"段的说明书，如图 8 - 36 所示。用户可以在这个说明书中进行修改，修改后进行保存就形成了符合要求的 XML 格式说明书替换文件。

和新申请模板不同，系统不会对替换文件进行强制格式规范，新申请模板保存时会自动添加段号。替换文件段号划分规则不同，替换文件一个段号下可以有多个自然段，也可以存在没有任何内容的空白段号。

权利要求书、说明书附图和外观设计图片或照片和说明书替换文件编辑方式基本相同，权利要求书是以"权项"作为替换单位，说明书附图和外观设计图片或照片是以每"幅"图作为替换单位。

说明书摘要和外观设计的简要说明比较简短，不区分段落号，一般可以采用全文替换的方式。

摘要附图尽管也是以每"幅"图作为替换单位，但由于摘要附图一般仅

**图 8 – 36　替换文件的编辑**

有一幅图，实际也相当于全文替换。

### （四）WORD 或 PDF 格式申请文件替换文件的编辑

发明和实用新型专利申请文件中说明书摘要、摘要附图、权利要求书、说明书、说明书附图和说明书核苷酸或氨基酸序列表允许提交 WORD 或 PDF 格式替换文件。

点击如图 8 – 6 中间文件编辑界面左下角的【补正】按键，如图 8 – 37 所示。

**图 8 – 37　选择补正申请文件**

　　系统会根据申请号判别申请的类型，弹出不同模板备选项的对话框如图 8 – 38 所示。

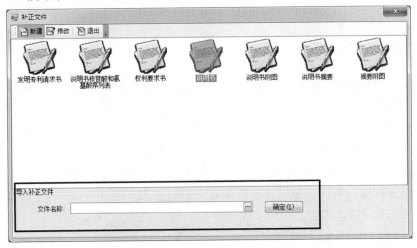

**图 8 – 38　导入申请文件替换文件**

　　选择申请文件的类型，在"导入补正文件"栏内，点击文件导入符，弹出文件导入对话框如图 8 – 39 所示。

**图 8 – 39　选择 WORD 或 PDF 格式替换文件**

选择事先制做好的符合格式要求的 WORD（后缀名为 doc 或 docx）或 PDF（后缀名为 pdf）格式申请文件替换文件。点击【打开】，确定后完成替换文件的导入。

（五）修改对照页的编辑

电子申请 XML 格式文件尚不支持修订模式，修改对照页允许两种提交方式，一种是打开修改对照页的模板，模板中不允许输入文字内容，可以插入修改对照内容的图片。第二种方式比较常用，采用导入 PDF 格式文件的方式编辑。用户一般先在 WORD 文档中使用修订模式编辑，保存成 TIFF 格式的图片，或者保存 WORD 文档后，将其使用专业工具转换成 PDF 格式文件。

在客户端打开【修改对照页】模板，如图 8 - 40 所示，双击该文件模板。

**图 8 - 40　选择修改对照页表格**

系统弹出下对话框，如图 8 - 41 所示。

**图 8 - 41　创建修改对照页对话框**

如需导入 PDF 格式的修改文件，点击【导入】，浏览选择文件，导入 PDF 文件即可。

# 第四节 著录项目变更手续

## 一、著录项目变更申报书的相关规定

办理著录项目变更手续应当提交著录项目变更申报书。一件专利申请的多个著录项目同时发生变更的，只需提交一份著录项目变更申报书；一件专利申请同一著录项目发生连续变更的，应当分别提交著录项目变更申报书；多件专利申请的同一著录项目发生变更的，即使变更的内容完全相同，也应当分别提交著录项目变更申报书。

未委托代理机构的，著录项目变更手续应当由申请人（或专利权人）或者其代表人办理；已委托代理机构的，应当由代理机构办理。因权利转移引起的变更，也可以由新的权利人或者其委托的代理机构办理。

## 二、电子申请著录项目变更的要求

①目前客户端尚不能实现在同一案卷包中同时提交多份著录项目变更申报书，因此《专利审查指南 2010》第一部分第一章 6.7.1.1 节中规定"一件专利申请同一著录项目发生连续变更的，应当分别提交著录项目变更申报书"的要求尚不能实现。对于电子申请，同一著录项目连续变更的，需要填写在一份著录项目变更申报书中。

②著录项目变更可能会引起电子申请提交权限人的变化，著录项目变更请求构成一个独立请求。中间文件案卷包中只能包括著录项目变更申报书和著录项目变更证明两种类型文件，不允许添加其他类型的文件。

涉及代理委托事项变更需要重新提交代理委托书的，应当将委托书的电子扫描文件作为著录项目变更证明提交。

③权利转移引起的著录项目变更，可以由新的权利人或者其委托的代理机构办理，所以著录项目变更手续不对提交人是否具有提交权限进行校验。

## 三、著录项目变更申报书的编辑及校验规则

### （一）著录项目变更申报书的编辑

打开"著录项目变更申报书"模板，如图 8－42 所示。

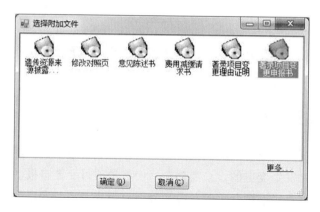

图 8 - 42　著录项目变更申报书模板

著录项目变更申报书第③栏填写变更项目、变更前和变更后的内容，其中发明名称可以在表格文本输入框直接填写，如图 8 - 43 所示。

| ③变更项目 | | |
| --- | --- | --- |
| 变更项目名称 | 变更前 | 变更后 |
| 发明名称 | 折叠式鸡笼 | 折叠式免清洗鸡笼 |

图 8 - 43　变更发明名称填写示例

其他项目的变更不能直接在表格内输入，应当点击模板上方的【表格向导功能键】，选择"编辑变更项目"按钮，弹出对话框如图 8 - 44 所示。

图 8 - 44　编辑变更项目对话框

在对话框中可以选择变更项目标签"发明人变更"、"申请人变更"、"联系人变更"、"代理机构变更"、"代理人变更"或者"优先权"。

著录项目变更申报书填写要求较多，部分电子申请用户在办理电子申请著录项目变更手续时，著录项目变更申报书中变更项目的填写方式不正确，导致影响审查结论和周期。现将常见著录项目变更内容的填写要求和常见错误示例如下。

1. 发明人变更

变更发明人姓名、证件类型、证件号码等信息时，应当将每个发明人的变更项目、变更前后的信息逐项填写，无对应内容的部分应填写"无"。

【例1】

变更前第一发明人姓名"张明"，无证件类型和证件号码，未要求不公布发明人姓名；变更后第一发明人姓名"章明"，证件类型"身份证"，证件号码"110101198101011212"，要求不公布发明人姓名。变更项目的正确填写方式如图 8-45 所示。

| 发明人 | 发明人1发明人姓名 | 张明 | 章明 |
|---|---|---|---|
| | 发明人1发明人证件类型 | 无 | 身份证 |
| | 发明人1发明人证件号码 | 无 | 110101198101011212 |
| | 发明人1不公开标志 | 公开 | 不公开 |

**图 8-45　发明人变更示例**

【例2】

变更前发明人姓名依次为张明、赵硕，变更后发明人姓名依次为张明、李雷、赵硕。第一发明人没有变化，不必填写。后两个发明人应按发明人顺序填写。变更项目的正确填写方式如图 8-46 所示。

| ③变更项目 | | | |
|---|---|---|---|
| 变更项目名称 | | 变更前 | 变更后 |
| 发明名称 | | | |
| 发明人 | 发明人2发明人姓名 | 赵硕 | 李雷 |
| | 发明人3发明人姓名 | 无 | 赵硕 |

**图 8-46　多个发明人变更示例**

【例3】

变更前发明人姓名依次为张明、赵硕，变更后发明人姓名为赵硕。变更项目的正确填写方式如图 8-47 所示。

| ③变更项目 | | | |
|---|---|---|---|
| 变更项目名称 | | 变更前 | 变更后 |
| 发明名称 | | | |
| 发明人 | 发明人1发明人姓名 | 张明 | 赵硕 |
| | 发明人2发明人姓名 | 赵硕 | 无 |

**图8－47　涉及发明人顺序变更示例**

【例4】（典型错误案例）

变更后的发明人姓名全部填写在第一发明人姓名栏中，变更项目的错误填写方式如图8－48所示。

| ③变更项目 | | | |
|---|---|---|---|
| 变更项目名称 | | 变更前 | 变更后 |
| 发明名称 | | | |
| 发明人 | 发明人1发明人姓名 | 张明 | 张明、李雷、赵硕、王南、刘宁 |

**图8－48　发明人变更错误填写示例**

2. 申请人变更

申请人变更包括："申请人信息变更"和"权利转移"两种情形，信息变更指申请人主体没有改变的情况下，变更申请人的地址、邮编、电话，代表人等信息。权利转移是指申请人发生改变，相应引起的申请人信息的变化，涉及委托代理机构的，又分为代理机构变更和代理机构不变更两种情况。用户编辑变更项目时应当勾选"信息变更"或"权利转移"选项，将每个申请人的变更项目、变更前后的信息逐项填写，无对应内容的部分应填写"无"。

（1）信息变更（申请人地址、邮编、电话等）

【例1】

申请人信息，例如地址、邮编、电话等变更项目的正确填写方式如图8－49、图8－50所示。

【例2】

以例【1】为变更后申请人，地址、邮编、电话全部填写在申请人地址栏中，变更项目的错误填写方式如图8－51所示。

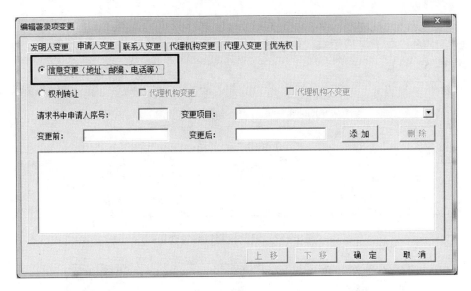

图 8－49　申请人信息变更

| 申请人 | 申请人1省份 | 广东省 | 北京市 |
|---|---|---|---|
|  | 申请人1城市 | 深圳市 | 海淀区 |
|  | 申请人1邮编 | 210002 | 100005 |
|  | 申请人1地址 | 福田区华强北路3号 | 西土城路6号 |
|  | 申请人1电话 | 023-36958585 | 010-69999999 |

图 8－50　申请人信息变更示例

| ③变更项目 | | | |
|---|---|---|---|
| 变更项目名称 | | 变更前 | 变更后 |
| 发明名称 | |  |  |
| 发明人 | 发明人1发明人姓名 | 无 | 无 |
| 申请人 | 申请人1地址 | 广东省深圳市福田区华强北路3号，邮政编码：210002，电话：023-36958585 | 北京市海淀区西土城路6号，邮编：100005，电话：010-6999999 |

图 8－51　申请人信息变更填写错误示例

（2）权利转移不涉及变更代理机构

【例】

变更前第一申请人名称"张红"，有第二申请人，代理机构"北京科学技术专利事务所"，代理机构代码为"91448"；变更后第一申请人姓名"光明广告公司",申请人的其他信息同时变更。即使代理机构未发生变化,也需填写表格中的"电子申请用户代码和名称"。变更项目的正确填写方式如图 8 - 52、图 8 - 53 所示。

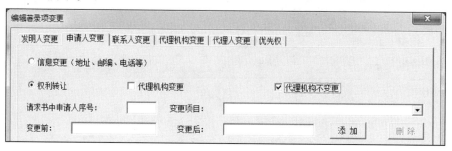

**图 8 - 52   涉及权利转移的变更**

| | | | |
|---|---|---|---|
| 申请人 | 申请人1姓名或名称 | 张红 | 光明广告公司 |
| | 申请人1申请人类型 | 个人 | 工矿企业 |
| | 申请人1省份 | 河北省 | 北京市 |
| | 申请人1城市 | 承德市 | 海淀区 |
| | 申请人1邮编 | 410000 | 100005 |
| | 申请人1地址 | 裕民西路 8 号 | 西土城路 6 号 |
| | 申请人1电话 | 0316-0909098 | 010-69999999 |
| 联系人 | | | |
| 代理机构 | | | |
| 代理人 | | | |
| 优先权 | | | |
| 电子申请用户代码和名称 | 代码91448 | 名称北京科学技术专利事务所 | |

**图 8 - 53   权利转移的变更示例**

3. 权利转移同时变更代理机构

【例】

申请人提交著录项目变更请求,经审查合格后,著录项目变更申报书中填写的"电子申请用户代码和名称"将成为该电子申请新的提交权限人的注册代码和用户名称。权利转移同时变更代理机构,正确填写方式如图 8 - 54 所示。

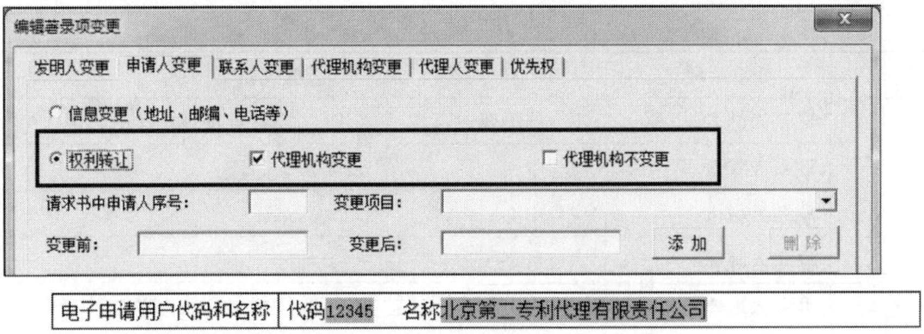

图 8-54 权利转移同时变更代理机构填写示例

## (二) 著录项目变更申报书的校验规则

为保证用户填写变更项目变更后内容的准确，减少人为差错，变更后的项目填写内容应当符合表 8-1 所列校验规则。

表 8-1 著录项目变更项目填写校验规则

| 著录项目 | 变更后项目 | 校验规则 |
| --- | --- | --- |
| 发明人 | 发明人序号 | 阿拉伯数字 |
| | 发明人姓名 | 不允许出现","":"";"""。"标点符号 |
| | 发明人英文名 | 不允许出现非 GB18030 字符 |
| | 发明人国别 | 下拉选择，调取国籍代码配置表 |
| | 发明人证件类型 | 不允许出现","":"";"""。"标点符号 |
| | 发明人证件号码 | 无 |
| | 不公开标志 | 单选框勾选 |
| 申请人 | 申请人序号 | 只允许填写"1"、"2"、"3"……等阿拉伯数字，不允许出现其他字符 |
| | 是否代表人 | 下拉选择，备选项为"是、否" |
| | 姓名或名称 | 不允许出现","":"";"""。"标点符号 |
| | 英文姓名或名称 | 不允许出现非 GB18030 字符 |
| | 申请人类型 | 下拉选择，备选项为"1-大专院校；2-科研单位；3-工矿企业；4-事业单位；5-个人" |
| | 国别 | 下拉选择，调取国籍代码配置表 |
| | 省市 | 下拉选择，调取省市代码配置表 |
| | 邮编 | 六位数字 |
| | 地址 | 不允许出现","":"";"""。"标点符号 |
| | 英文地址 | 不允许出现":"";"""。"标点符号 |
| | 经常居所 | 不允许出现","":"";"""。"标点符号 |
| | 传真 | 可包含"数字"、"空格"、"-" |
| | 电子邮箱 | 用"@"分隔，只允许出现英文字符和"." |

| 著录项目 | 变更后项目 | 校验规则 |
|---|---|---|
| 联系人 | 联系人姓名 | 不允许出现","":"";"。"标点符号 |
| | 联系人省份 | 应为中文 |
| | 联系人城市 | 应为中文 |
| | 联系人邮编 | 六位数字 |
| | 联系人地址 | 不允许出现","":"";"。"标点符号 |
| | 联系人电话 | 可包含"数字"、"空格"、"－" |
| | 联系人传真 | 可包含"数字"、"空格"、"－" |
| 代理机构 | 代理机构代码 | 五位数字 |
| | 代理机构名称 | 不允许出现非 GB18030 字符 |
| | 代理类型 | 不允许出现非 GB18030 字符 |
| | 总委编号 | 应为数字 |
| 代理人 | 第一代理人工作证号 | 12 位前 10 位和第 12 位是数字，11 位是"."，例如：1234504984.0 |
| | 第一代理人姓名 | 不允许出现","":"";"。"标点符号 |
| | 第一代理人电话 | 可包含"数字"、"空格"、"－" |
| | 第二代理人工作证号 | 12 位前 10 位和第 12 位是数字，11 位是"."，例如：1234504984.0 |
| | 第二代理人姓名 | 不允许出现","":"";"。"标点符号 |
| | 第二代理人电话 | 可包含"数字"、"空格"、"－" |
| 优先权 | 优先权序号 | 应为阿拉伯数字 |
| | 在先申请号 | 无 |
| | 在先申请国别 | 下拉选择，调取国籍代码配置表 |
| | 在先申请日期 | 格式应为"YYYY－MM－DD" |
| 变更后注册代码和名称 | 代码 | 有效的电子申请用户 |
| | 名称 | 和注册代码对应的名称一致 |

## 四、著录项目变更理由证明的编辑

办理著录项目变更请求的，必要时应当同时提交著录项目变更证明文件，《专利审查指南 2010》第一部分第一章第 6.7.2 节规定了需要提交变更证明文件的情形。

点击【增加】，选择"著录项目变更理由证明"模板，如下图 8 – 55所示。

**图 8 – 55　选择著录项目变更理由证明模板**

著录项目变更理由证明有两种编辑方式，一种是直接打开著录项目变更理由证明的模板，模板中不允许输入文字内容，需要导入证明文件电子扫描件图片，允许导入多幅图片，需要用户逐幅图片进行导入；目前著录项目变更理由证明允许使用 PDF 格式文件，也可以采用导入 PDF 格式著录项目变更证明文件的方式编辑。

需要注意的是，一项著录项目变更请求有时需要提交多个证明文件，由于客户端尚不能支持同一案卷包中存在多份同样类型文件，所以提交多份证明文件可以采用插入多幅图片的方式，顺序插入图片即可，不用进行区分。如果采用导入 PDF 格式文件的方式，需要预先将所有证明文件制作成一个 PDF 格式文件，编辑时导入完整的 PDF 格式证明文件即可。

# 第五节　核苷酸或氨基酸序列表计算机可读形式载体的编辑

## 一、核苷酸或氨基酸序列表可读形式载体的相关规定

申请人应当在提出专利申请同时提交与核苷酸或氨基酸序列表相一致的计算机可读形式的载体，如提交记载核苷酸或氨基酸序列表符合规定的光盘或者软盘。

核苷酸或氨基酸序列表可读形式载体的电子文件的格式标准请参见国家知识产权局第十五号局令。

## 二、电子申请核苷酸或氨基酸序列表可读形式载体的要求

涉及核苷酸或氨基酸序列的电子申请，可直接通过电子申请客户端提交规定格式的序列表，无需提交相应的光盘或软盘。

## 三、核苷酸或氨基酸序列表可读形式载体的编辑

在客户端选择"核苷酸或氨基酸序列表可读形式载体"模板，如图 8－56 所示。

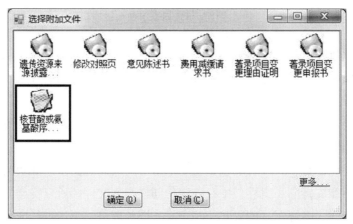

**图 8－56　选择核苷酸或氨基酸序列表可读形式载体模板**

点击【确定】后，弹出对话框如图 8－57 所示。

**图 8－57　导入核苷酸或氨基酸序列表对话框**

点击图 8 –57 框线内文件导入符，弹出对话框如图 8 –58 所示。

**图 8 –58　选择导入文件**

根据国家知识产权局第十五号局令中规定的核苷酸或氨基酸序列表文件格式要求，只能导入 TXT 格式的纯文本文件。

# 第六节　放弃专利权请求的编辑

## 一、放弃专利权请求的相关规定

授予专利权后，专利权人随时可以主动要求放弃专利权，专利权人放弃专利权的，应当提交放弃专利权声明，并附具全体专利权人签字或者盖章同意放弃专利权的证明材料。放弃专利权分为三种情形：

①根据《专利法》第四十四条第一款第（二）项的规定，专利权在期限届满前终止，专利权人以书面声明放弃其专利权。

②根据《专利法》第九条第一款的规定，同样的发明创造只能授予一项专利权。但是，同一申请人同日对同样的发明创造既申请发明专利又申请实用新型专利，先获得的实用新型专利权尚未终止，且申请人声明放弃该实用新型

专利权的，可以授予发明专利权。

③在无效宣告程序中，根据《专利法》第九条第一款的规定放弃专利权。

④专利权人无正当理由不得要求撤销放弃专利权的声明。

## 二、放弃专利权声明的编辑

选择打开"放弃专利声明"模板，如图 8-59 所示。

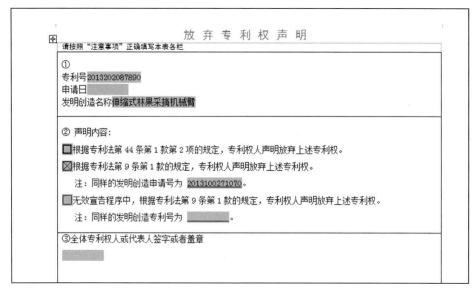

**图 8-59　放弃专利权声明模板**

填写"放弃专利权声明"应当注意以下几点。

①该声明第①栏应填写声明放弃专利权的专利号，所填写内容应当与该专利申请请求书中内容一致。如果该专利办理过著录项目变更手续，应当按照专利局批准变更后的内容填写。

②如果是根据《专利法》第四十四条第一款第（二）项的规定声明放弃专利权，则勾选该声明第②栏第一方框；如果是根据《专利法》第九条第一款的规定放弃专利权的，勾选该声明第②栏第二方框。这里需要注意的是，在针对发明专利授权而放弃实用新型专利权的情形下，该声明第①栏专利号填写实用新型的申请号，同时"注：同样的发明创造申请号为"填写发明的专利申请号。如果是在无效宣告程序中，根据《专利法》第九条第一款的规定放弃专利权的勾选，该声明第②栏第三方框，并与上述第二方框的情形一样，在

注明处填写发明的专利申请号。

③专利权人要求放弃专利权，未委托代理机构的，应当由请求书中确定的代表人在该声明第③栏签字或者盖章，并附具全体专利权人签字或盖章同意放弃专利权的证明材料。委托代理机构的，应当由代理机构在该声明第⑤栏盖章，并在该声明第③栏输入全体专利权人的名称，并附具全体专利权人签字或盖章同意放弃专利权的证明材料。

放弃专利权声明可以直接插入放弃专利权证明材料电子扫描文件。点击页面上方的【表格向导功能键】，选择"编辑图片或照片"，在弹出的对话框中点击【浏览】，找到图片存储路径，选中图片点击打开，在图片描述里，输入证明名称，添加完成后，点击【退出】按钮，则放弃专利权证明材料的电子扫描图片将显示在模板上。如果需要继续添加，则重复上述操作添加多幅图片。

这里需要强调的是，关于放弃专利权的所有证明材料都应插入到放弃专利权声明表格中，不应使用其他证明文件模板提交。

# 第七节  复审无效中间文件的编辑

## 一、提交复审无效电子申请中间文件的要求

复审无效文件提交形式并不严格限定为专利申请的提交形式，同时复审无效中间文件提交形式也不严格限定为复审无效请求的提交形式，不适用国家知识产权局第五十七号局令第七条第一款的规定，具体为：

①专利申请是纸件申请，复审请求只能采用纸件形式，只能接受纸件形式的中间文件。

②专利申请是电子申请，复审请求既可以通过纸件形式提交，也可以通过电子申请形式提出，同时允许接收纸件和电子两种形式的中间文件。

③专利申请是纸件申请，无效宣告请求新申请既可以采用纸件形式提出，也可以采用电子形式提出。电子申请形式的无效宣告请求，中间文件也允许接收纸件和电子两种形式的中间文件。

具体如表 8 - 2、表 8 - 3 所示。

**表8-2  复审无效请求提交形式要求**

| 专利申请形式 | 复审请求提出形式 | | 无效宣告请求提出形式 | |
|---|---|---|---|---|
| | 纸件 | 电子 | 纸件 | 电子 |
| 纸件 | √ | × | √ | √ |
| 电子申请 | √ | √ | √ | √ |

**表8-3  复审无效中间文件提交形式要求**

| 复审无效请求提交形式 | 复审中间文件提出形式 | | 无效宣告中间文件提出形式 | |
|---|---|---|---|---|
| | 纸件 | 电子 | 纸件 | 电子 |
| 纸件 | √ | × | √ | √ |
| 电子申请 | √ | √ | √ | √ |

（1）复审无效中间文件需通过"主动提交"编辑

目前复审无效电子申请的通知书仍通过纸件形式发文，客户端接收不到复审无效的电子发文，因此无法使用"答复补正"编辑，一般通过"主动提交"进行编辑。

（2）复审无效中间文件应当使用委内编号

复审及无效宣告受理后，给出案件的委内编号并通知请求人，提交复审无效中间文件应当填写委内编号。委内编号的编排规则为"NXAAAAAA"，其中"N"是指专利类型，其中"1"代表"发明"、"2"代表"实用新型"、"3"代表"外观设计"；"X"是指复审无效类型，其中"F"代表"复审"，"W"代表无效宣告；"AAAAAA"为顺序流水号。

## 二、复审无效中间文件的编辑

在客户端首页选择"主动提交"，在弹出的电子申请编辑器中选择"新建"，弹出对话框，如图8-60所示。

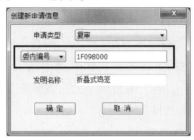

**图8-60  创建复审无效中间文件案卷**

在"申请类型"中选择"复审"或"无效"，图中第二行原本显示"申请号"自动变为"委内编号"，填写正确的委内编号和发明名称。客户端会对委内编号的格式进行校验，不符合格式要求的不予通过。以下以复审的中间文件编辑为例，输入正确复审无效信息，点击【确定】，弹出编辑界面如图 8 – 61 所示。

**图 8 – 61　选择复审中间文件模板**

在"增加"文件夹下可以增加复审程序和无效宣告请求中使用的中间文件表格。

1. 复审程序表格

①复审程序恢复权利请求书。

②复审程序授权委托书。

③复审程序延长期限请求书。

④复审请求口头审理通知书回执。

⑤复审无效宣告程序补正书。

⑥复审无效宣告程序意见陈述书。

⑦修改对照页。

⑧证明文件。

2. 无效宣告请求的中间文件表格

①复审无效宣告程序补正书。

②复审无效宣告程序意见陈述书。

③无效宣告案件加快审查请求书（不公开）。

④无效宣告请求口头审理通知书回执。

⑤无效宣告程序授权委托书。

⑥修改对照页。

⑦证明文件。

"补正"可以选择编辑申请文件替换文件，但目前该功能尚未开通，如需要提交申请文件的替换文件，目前通过"修改"文件夹中的证明文件的方式提交。

复审请求和无效宣告请求相关表格和申请文件表格填写要求基本一致，需要说明的是，复审无效程序设计较多的相关证据，在一个案卷包中允许添加多个证明文件。打开"证明文件"，弹出对话框如图 8 - 62 所示。

**图 8 - 62　导入复审无效证明文件**

证明文件仅允许提交 PDF 格式文件，和导入一般证明类或副本类 PDF 格式文件不同，需要输入证明文件的"名称"，用以区别不同的证明文件。

# 第八节　优先权文件数字接入服务（DAS）请求的编辑

## 一、优先权文件数字接入服务（DAS）的介绍

优先权文件数字接入服务（Digital Access Service，简称 DAS）是由世界知识产权组织国际局建立和管理、通过专利局间的合作，以电子交换方式获取经证明的在先申请文件副本（以下简称"优先权文件"）的电子服务。

该服务的主要内容：申请人向首次局（Office of First Filing，简称 OFF）

提出交存优先权文件的请求，由首次局向DAS认可的数字图书馆交存该优先权文件、生成接入码并向国际局注册；之后，申请人向二次局（Office of Second Filing，简称OSF）提出查询优先权文件的请求，由二次局通过国际局从首次局获得该优先权文件，从而替代传统纸件优先权文件的出具及提交，即相当于满足了《巴黎公约》提交优先权文件的要求。

根据国家知识产权局第一百六十九号公告，自2012年3月1日起，优先权文件数字接入服务正式开通。参与该服务的最新参与局范围应以世界知识产权组织国际局及国家知识产权局网站公布信息为准。

优先权文件数字接入服务不收取任何费用。

## 二、优先权文件数字接入服务（DAS）的使用要求

对于中国发明、实用新型和外观设计专利申请，DAS请求书应当以电子申请方式提交。对于PCT国际申请，DAS交存请求应当通过“中国专利流程服务系统”网站提出，DAS查询请求应按照PCT相关要求提出，“中国专利流程服务系统”网站不接收PCT国际申请的查询请求。

## 三、优先权文件数字接入服务（DAS）请求的编辑

在电子申请客户端中选择“优先权文件数字接入服务（DAS）请求书”，点击【打开】，如图8－63所示。

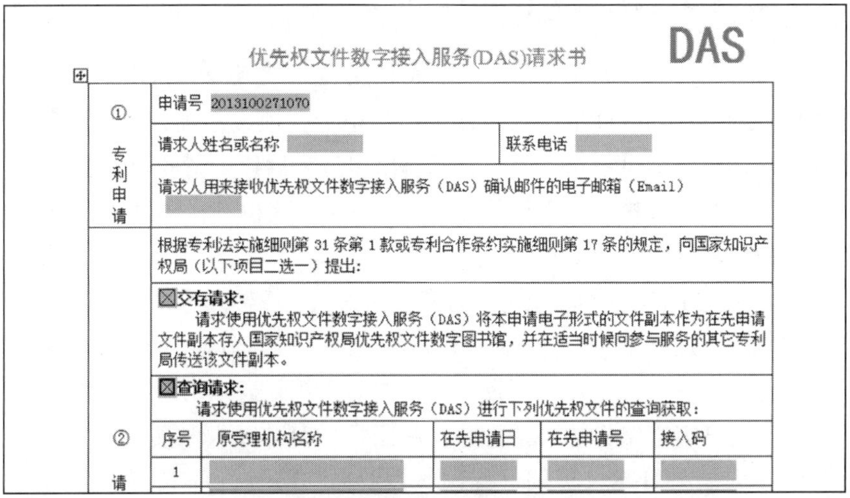
优先权文件数字接入服务(DAS)请求书　DAS

①专利申请
申请号 2013100271070
请求人姓名或名称　联系电话
请求人用来接收优先权文件数字接入服务（DAS）确认邮件的电子邮箱（Email）

② 请
根据专利法实施细则第31条第1款或专利合作条约实施细则第17条的规定，向国家知识产权局（以下项目二选一）提出：
☒交存请求：
请求使用优先权文件数字接入服务（DAS）将本申请电子形式的文件副本作为在先申请文件副本存入国家知识产权局优先权文件数字图书馆，并在适当时候向参与服务的其它专利局传送该文件副本。
☒查询请求：
请求使用优先权文件数字接入服务（DAS）进行下列优先权文件的查询获取：

| 序号 | 原受理机构名称 | 在先申请日 | 在先申请号 | 接入码 |
|---|---|---|---|---|
| 1 | | | | |

**图8－63　优先权文件数字接入服务（DAS）请求书模板**

填写 DAS 请求书需要注意以下几点：

①DAS 请求书请求内容仅限定于交存请求或查询请求中的一项，即不允许同时提出交存和查询请求。

②与新申请同时提交的 DAS 请求书，申请号一栏无需填写，填写错误的，专利局不予接收。

③DAS 请求书中勾选"交存请求"的，应当正确填写请求人的电子邮箱（Email）及需要交存的申请号。

④提出 DAS 交存请求的请求人应为专利申请的申请人或其委托的代理机构。

⑤提交 DAS 查询请求，应当确定原受理机构属于 DAS 服务范围内的参与局。

⑥接入码（Access Code）是由首次局或者国际局向 DAS 请求人提供的代码，该代码可用于登录国际局 DAS 网站，以及授权二次局查询已交存的优先权文件。提出 DAS 查询请求的，应当事先已经获取每项查询优先权的接入码并填写正确。

# 第九节　专利审查高速路（PPH）文件的编辑

## 一、专利审查高速路（PPH）介绍

专利审查高速路（Patent Procecution Highway，简称 PPH）是指申请人提交首次申请的专利局（OFF）认为该申请的至少一项或多项权利要求可授权，只要相关后续申请满足一定条件，包括首次申请和后续申请的权利要求充分对应、OFF 工作结果可被后续申请的专利局（OSF）获得等，申请人即可以 OFF 的工作结果为基础，请求 OSF 加快审查后续申请。

PPH 目前包括两种类型，其一为常规通过《巴黎公约》途径提交的 PPH 请求；其二为通过《专利合作条约》（PCT）提交的 PPH 请求。PPH 能够实现 PPH 案件加快审查、缩短审查周期、降低申请人答复通知书的次数和节约审查成本，同时提高审查结果的可预见性，保证了 PPH 申请授权质量。

目前中国已与日本、美国、德国、俄罗斯、芬兰、丹麦、墨西哥、奥地利、韩国、波兰、加拿大、葡萄牙、西班牙和欧洲专利局等 14 个国家和地区开通 PPH 合作。

2012 年 3 月 1 日之后提出的 PPH 请求必须通过电子申请形式提交。

## 二、专利审查高速路（PPH）请求文件的编辑

PPH 请求文件包括：参与 PPH 项目请求表和必要附加文件。附加文件包括：

①权利要求的对应表。

②对应申请权利要求副本。

③对应申请审查意见通知书副本。

④对应申请审查意见引用文件副本。

⑤对应申请权利要求副本译文。

⑥对应申请审查意见通知书副本译文。

需要注意：以上附件不能单独提交，必须随同 PPH 请求表一起提交。同时，PPH 相关文件应当单独提交，不应当和其他专利申请手续文件混合提交，因此电子客户端单独建立了 PPH 文件的标签，如图 8-64 所示。

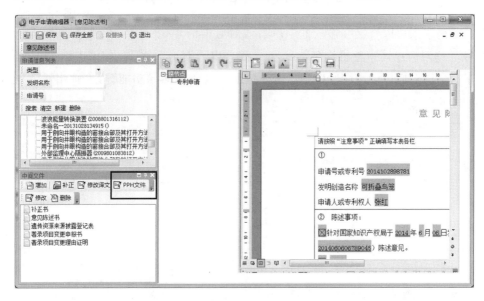

**图 8-64　编辑器中的 PPH 文件标签**

1. PPH 请求表编辑

在客户端点击图 8-64 中的【PPH 文件】标签，选择"专利审查高速路

（PPH）项目请求表"模板并打开，请求表第②栏勾选参与 PPH 的类型，如图 8 – 65 所示。

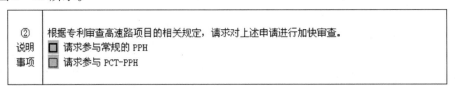

**图 8 – 65　选择 PPH 类型**

请求人应当根据请求参与 PPH 项目时使用的是对应申请的国内工作结果，还是国际阶段工作结果，从而决定参与 PPH 的种类，可以勾选常规 PPH 或 PCT – PPH。

PPH 请求表第③栏"对应申请声明"的填写如图 8 – 66 所示。

| ③ 对应 申请 声明 | 对应申请号/公开号/专利号/国际申请号 | 对应申请审查机构名称 | 相关申请对应关系 |
|---|---|---|---|
| | | | |

**图 8 – 66　PPH 请求表对应申请声明栏**

请求人可以直接在输入框中填写"对应申请号/公开号/专利号/国际申请号"、"对应申请审查机构名称"和"相关申请对应关系"。如该申请 PPH 请求有多项对应申请声明，应当点击模板上方【表格向导功能键】，弹出对话框如图 8 – 67 所示。

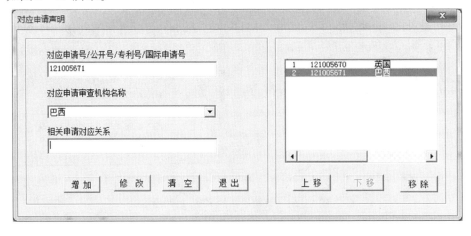

**图 8 – 67　编辑对应申请声明对话框**

在对应输入框中填写相应内容，添加完成后点击【退出】按钮，模板展示如图8-68所示。

| ③对应申请声明 | 对应申请号/公开号/专利号/国际申请号 | 对应申请审查机构名称 | 相关申请对应关系 |
|---|---|---|---|
| | 121005671 | 巴西 | 已通过巴黎公约有效要求巴西专利申请申请号121005670作为优先权。 |
| | 121005670 | 英国 | 已通过巴黎公约有效要求了英国专利申请申请号121005670作为优先权。 |

**图8-68　填写对应申请声明示例**

PPH请求表第④栏是"附加文件清单"如图8-69所示。

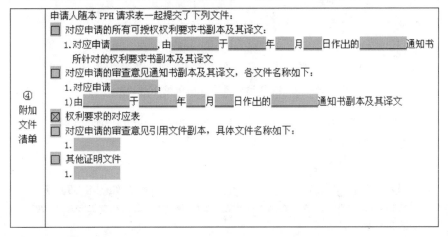

**图8-69　PPH请求表附加文件清单填写栏**

PPH请求的附加文件包括："对应申请的所有可授权权利要求书副本及其译文"、"对应申请的审查意见通知书副本及其译文"、"权利要求的对应表"、"对应申请的审查意见引用文件副本"以及"其他证明文件"。除"权利要求的对应表"不需要在PPH请求表中填写具体信息外，其他均需在表中填写附加文件的相关信息。

①填写的附加文件信息不一定与实际提交PPH请求案卷包中的附加文件名称一致，因客户端一个案卷包中不允许存在多个同样类型的文件，即使PPH同样类型的附加文件可能有多份，也需要合成一个PDF文件进行提交，但在PPH请求表中需要逐一写明附加文件相关信息。

②除权利要求的对应表之外，其他类型的附加文件允许提交多份，点击模板

上方的【表格向导功能键】，选择"编辑附件"，弹出对话框如图8-70所示。

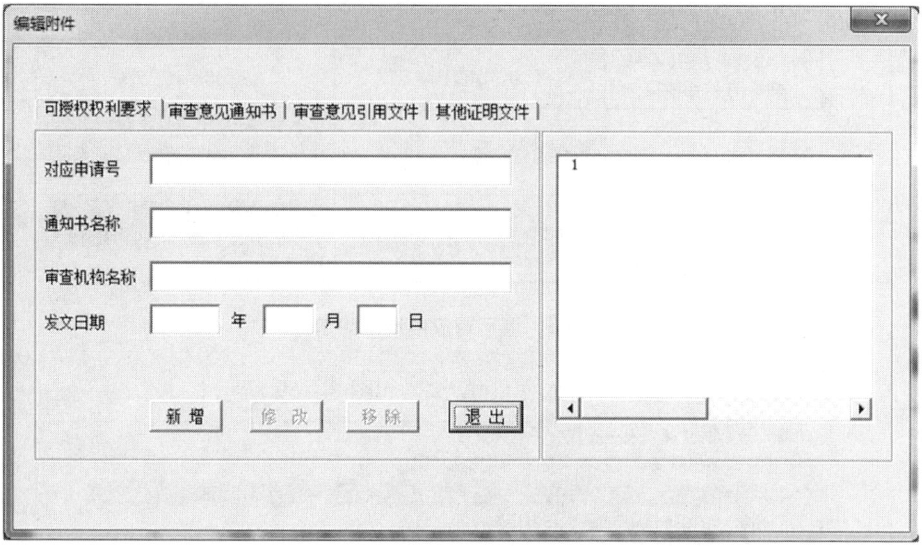

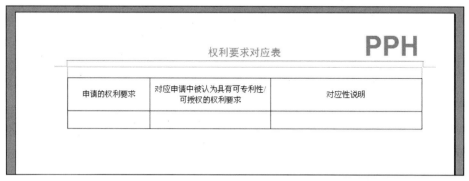

**图8-70　PPH请求表附件清单编辑对话框**

可以选择附件类型标签，在每种类型的附件标记框填写不同的附件所需的信息，点击【新增】后添加多个附件信息。

2. PPH其他文件的编辑

①"权利要求对应表"只允许提交XML格式表格，如图8-71所示。

权利要求对应表　　　　PPH

| 申请的权利要求 | 对应申请中被认为具有可专利性/可授权的权利要求 | 对应性说明 |
|---|---|---|
|  |  |  |

**图8-71　权利要求对应表模板**

权利要求对应情况应当按权项逐一编辑，点击模板上方【表格向导功能键】，选择"编辑权利要求对应表"，弹出对话框如图8-72所示。

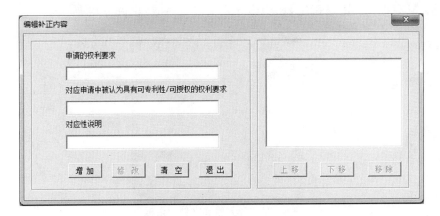

**图 8 - 72　编辑权利要求对应内容**

②其他附加文件既可以采用 XML 格式，也可以直接导入 PDF 格式文件，其他附加文件的 XML 文件模板均为空白模板，不允许进行文字输入和编辑，只允许插入符合格式要求的图片。

## 第十节　证明类或副本类文件的编辑

证明类或副本类文件在电子申请客户端中包括：费用减缓证明、不丧失新颖性证明、经证明的在先申请文件副本、经证明的在先申请文件副本首页译文、其他证明文件、人民法院判决书、申请权转让证明、申请文件副本、信函、优先权转让证明、优先权转让证明中文本、原案申请副本、原文、著录项目变更理由证明和专利管理机构处理决定等文件类型。这些文件的共同之处属于没有填写格式的空白模板。

其中费用减缓证明、信函只可以通过在空白模板中插入符合格式要求的图片的方式编辑。

不丧失新颖性证明、经证明的在先申请文件副本、经证明的在先申请文件副本首页译文、其他证明文件、人民法院判决书、申请权转让证明、申请文件副本、优先权转让证明、优先权转让证明中文本、原案申请副本、原文、著录项目变更理由证明和专利管理机构处理决定等类型文件，一般页数较多，可以采用类似于费用减缓请求书的图片插入的方式编辑。为提高编辑效率，也可以通过客户端直接导入 PDF 格式文件的方式简化编辑过程。以原文为例，选择

"原文"模板，点击【确定】，弹出导入文件对话框如图 8 - 73 所示。

**图 8 - 73　导入原文文件对话框**

　　选择"导入"方式，通过导入事先准备的 PDF 格式的原文文件即完成编辑。

# 第九章　电子申请文件的提交和电子发文的接收

电子申请文件编辑完成，应当对全部文件内容进行仔细检查和校对，以确保文件内容完整、准确，图片显示正常。确认后，在互联网连通的状态下，通过客户端提交电子申请文件并接收电子申请回执。电子申请网站提供电子申请文件提交、电子发文情况查询、提交文件的电子扫描件下载等功能。

## 第一节　电子签名

提交电子申请文件前，应当先使用数字证书对文件进行签名。用户可以在草稿箱中选择一个或多个已编辑完成的电子申请案件，点击客户端主界面上方常用功能入口中的【签名】图标，在数字证书列表中选择签名数字证书，点击【签名】，系统自动对案件进行签名校验。电子申请表格文件中签章栏填写的名称应当与数字证书中记录的用户名称一致，如图9-1、图9-2、图9-3所示。

签名校验完成，将提示"签名成功"，完成签名的案件自动显示在发件箱的"待发送"目录下，如图9-4所示。

图 9 - 1 签名图标

图 9 - 2 电子申请文件签章

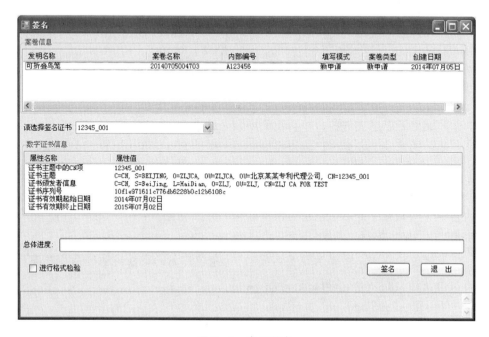

图 9 - 3 电子签名

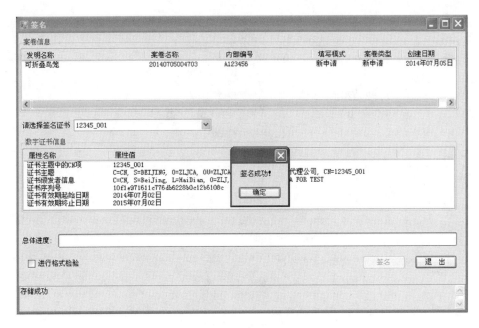

**图9－4 签名成功**

如果签名的案件没有通过校验，将在签名界面下方显示签名不成功的原因，用户可以根据系统的提示，修改文件内容后重新签名，如图9－5所示。

签名的主要校验规则如表 9 - 1 所示。

表 9 - 1　签名校验规则

| 序号 | 校验内容 |
|---|---|
| 1 | 新申请案卷是否包含多个请求书或者没有请求书 |
| 2 | 请求书中的用户代码、代理机构代码填写是否正确，和数字证书信息是否一致 |
| 3 | 请求书中的发明创造名称和 XML 格式说明书的发明创造名称是否一致 |
| 4 | 请求书填写代理机构信息的至少填写一个代理人的信息 |
| 5 | 请求书中的原申请号和针对的分案申请号是否符合标准 |
| 6 | 发明专利请求书中的生物保藏信息的完整性校验以及对保藏日期格式的校验 |
| 7 | 请求书在先申请栏，如果是国内优先权信息，三项必须填写；如果是外国优先权信息，除在先申请号可以不填，其他项必须填写 |
| 8 | 请求书中在先申请日格式的校验 |
| 9 | 请求书中申请人是中国的，申请人邮编为必填项 |
| 10 | 请求书中联系人邮编为必填项 |
| 11 | 国际申请进入中国国家阶段声明中的国际申请号格式是否符合标准 |
| 12 | 国际申请进入中国国家阶段声明中的国际公布号格式是否符合标准 |
| 13 | 国际申请进入中国国家阶段声明中的国际申请日限定为必填项，国际申请日格式校验 |
| 14 | 外观设计简要说明内容不能为空 |
| 15 | 权利要求书和说明书中是否仅有图片 |
| 16 | 说明书附图或摘要附图插入彩图时予以提示 |
| 17 | 外观申请中插入的图片尺寸不超过 150mm × 220mm |
| 18 | 其他申请中插入图片尺寸不超过 165mm × 245mm |
| 19 | 中间文件案卷包的所有表格的签字或盖章信息和数字证书信息一致性 |
| 20 | 一个中间文件案卷中不同文件的申请号是否一致 |
| 21 | 一个中间文件案卷中是否缺少含有申请号的文件 |
| 22 | 提交中间文件时，著录项目变更申报书只能和著录项目变更理由证明一起提交 |
| 23 | 著录项目变更申报书的电子申请用户代码内容不能为空 |
| 24 | XML 文件的编码格式应该是 UTF8 格式 |
| 25 | XML 文件中插入的表格是否是标准格式 |
| 26 | XML 文件编辑的内容中不允许嵌套上下角标 |
| 27 | XML 文件添加的图片是否包括在文件中 |
| 28 | 图片的分辨率不能超过 300DPI |
| 29 | 图片是否是 Group 4 压缩方式 |

续表

| 序号 | 校验内容 |
| --- | --- |
| 30 | PDF、DOC 文件最小不能为 0KB，最大不能超过 30MB |
| 31 | PDF 文件符合规范 PDF Reference Version 1.7 |
| 32 | PDF 文件必须为 A4 纸张大小 |
| 33 | PDF 文件不接受中文文件名的文件 |
| 34 | PDF 文件中的图片、表格、文字等限定元素可以解析读取 |
| 35 | PDF 文件不能设置加密、水印、只读等，必须具有打印权限 |
| 36 | 字库外的字以图片方式提交 |
| 37 | 提交的 PDF 文件中不能包含 OLE 对象 |
| 38 | PDF 格式申请文件中不能使用页眉/页脚，如果有页眉/页脚将被视为正文处理 |
| 39 | 导入文件不支持审阅、注释、批注 |
| 40 | 导入文件不允许有密码保护 |
| 41 | 导入文件不允许有文档保护 |
| 42 | 应当使用 Word2003、Word2007 或 Word2010 版本 |
| 43 | DOC 文件页面设置必须为 A4 纸张大小 |
| 44 | DOC 文件页数应在 200 页以内 |
| 45 | DOC 文件应设置为不允许嵌入 truetype 字体 |
| 46 | DOC 文件不允许包含文本框或自选图形 |
| 47 | DOC 文件不允许包含域对象 |
| 48 | DOC 文件不允许包含超链接 |
| 49 | DOC 文件不允许包含批注 |
| 50 | DOC 文件不允许包含修订 |
| 51 | DOC 文件不允许包含控件或嵌入对象或链接式图片 |
| 52 | DOC 文件不允许包含不符合规范的图片悬浮格式 |
| 53 | DOC 文件不允许包含宏 |

# 第二节　电子文件提交

签名成功后，在电子申请客户端左侧发件箱"待发送"目录中选择一个或多个案件，点击客户端主界面上方常用功能入口中的【发送】图标，在弹出的对话框中点击【开始上传】，开始提交电子文件。提交完成，将在发送界面中的"状态"对应位置显示"发送成功"，如图9-6、图9-7所示。

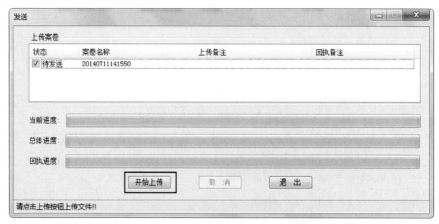

**图9-6　上传文件**

**图9-7　文件发送成功**

　　小秘书：回执进度完成表明客户端自动成功接收电子申请回执，总体进度完成。电子申请案件发送成功后，如果系统没有自动接收回执，可以点击客户端上方常用功能入口中的【接收】图标，主动下载电子申请回执，具体操作参见本章第四节中的相关内容。

　　回执下载成功后，可以在客户端左侧通知书"已下载"目录下查看回执的内容。回执中包含所提交电子申请案件的发明名称、提交人信息、系统接收时间、提交文件类型、提交文件大小、代理机构案卷号等信息，中间文件回执中还包含申请号或国际申请号信息，图9-8为新申请案件的回执。

**电子申请回执**

电子申请注册用户提交的专利申请文件已由国家知识产权局接收。经核实，国家知识产权局确认信息如下：

**接收案件编号：** 4530010

**代理机构内部编号：** A123456

**发明创造名称：** 可折叠鸟笼

**提交人姓名或名称：** 北京某某专利代理公司

**国家知识产权局收到时间：** 2014-07-12 15:49:35

**国家知识产权局收到文件情况：**

　1、发明专利请求书　　　XML 格式　文件大小 9k
　2、权利要求书　　　DOC 格式　文件大小 25k
　3、说明书　　　XML 格式　文件大小 5k
　4、说明书附图　　　XML 格式　文件大小 378k
　5、专利代理委托书　　　XML 格式　文件大小 105k
　6、费用减缓请求书　　　XML 格式　文件大小 2k

**图9-8　电子申请回执**

电子申请回执是电子申请系统完整接收用户提交的电子申请的凭证，电子申请用户应当注意及时接收并保存电子申请回执。

# 第三节　拒　收

对客户端发件箱"待发送"目录下的案件执行"发送"操作时，如果所发送的案件不符合电子申请接收条件，将被电子申请系统拒收。系统提示案件被拒收的同时，将显示拒收原因，如图9-9所示。用户可以根据拒收原因修改电子申请文件内容，重新配置网络等，克服缺陷后重新对案件进行"签名"和"发送"操作，直至案件提交成功。

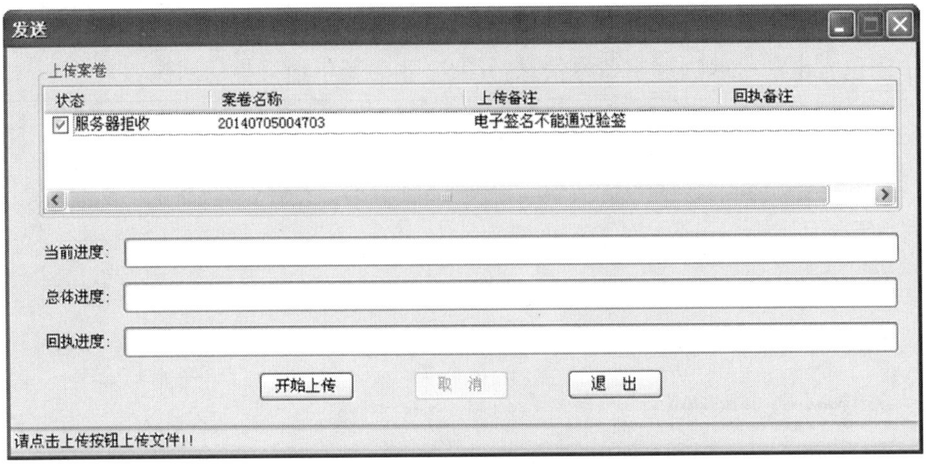

图9－9　服务器拒收

拒收的案件将在客户端发件箱"服务器拒收"目录下显示。用户可以选择一个或多个拒收案件，点击客户端主界面上方常用功能入口中的［取消签名］图标，已选中的案件将返回至草稿箱中，用户可以重新对文件进行编辑。

常见的签名不成功或拒收原因如下：

①签名所用数字证书不是有效的数字证书。

②中间文件的提交人不具有提交权限。

③请求书签章与提交人名称不一致。

④指定的著录项目变更申报书中填写的提交人用户代码与名称不一致或提交人不是有效注册用户。

⑤电子签名不能通过验签。

⑥文件格式不符合规定的标准。

⑦进入中国国家阶段的国际申请重复进入。

⑧中间文件的申请号不存在或该申请不是电子申请案件。

## 第四节　电子发文的发送与接收

国家知识产权局第五十七号局令第九条第二款规定"对于专利电子申请，国家知识产权局以电子文件形式向申请人发出的各种通知书、决定或者其他文件，自文件发出之日起满15日，推定为申请人收到文件之日"。

电子申请用户应当通过客户端及时接收电子形式的通知书和决定。电子申请用户未及时接收的，不作公告送达。

## 一、电子发文的发送

电子发文由 XML 格式基本信息和 TIFF 格式电子扫描件两部分构成。其中基本信息包括：申请号、申请日、发文日、通知书类型、通知书名称和通知书发文序号等。电子扫描件包括：通知书扫描文件和附件。

用户可以登录电子申请网查询电子发文情况，未下载的通知书状态为"待下载"，下载成功的通知书的状态变为"已下载"，如图 9 – 10 所示。

**图 9 – 10　电子发文查询**

用户也可以在电子申请网站用户信息管理栏目中定制电子发文的手机短信提示服务，定制此服务功能后，用户即可通过预留手机号接收发文提示短信息。

## 二、电子发文的接收

电子发文在发文日当天提供给电子申请用户下载。接收电子发文的具体操作：打开客户端，点击客户端主界面上方常用功能入口中的【接收】图标，在弹出的界面中点击【获取列表】，在下载列表中将显示所有待下载的通知书，如图 9 – 11 所示。

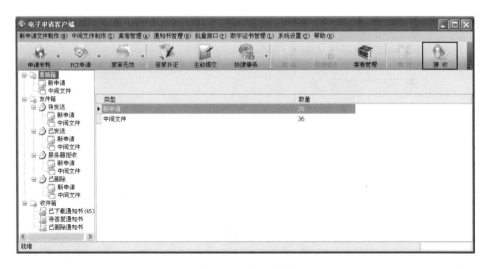

图 9 – 11　通知书接收

　　在下载列表中选中需要下载的某个通知书，点击【开始下载】，即开始下载相应的通知书。按住【shift】键点击下载列表中的多个通知书，点击【开始下载】，可以完成多个通知书的下载，如图 9 – 12 所示。

图 9 – 12　通知书下载

　　电子形式的通知书一般只能下载一次。对于已下载的通知书，电子申请用户可以通过电子申请网站提出通知书重复下载的请求，经审批通过后即可重复下载电子形式通知书。

　　已下载通知书保存在客户端左侧收件箱"已下载通知书"目录下，用户点击列表中的通知书，即可查看通知书的内容。包含附件的通知书，可在通知书内容右下方显示通知书附件名称，点击附件名称，在右侧显示附件中包含的文件，点击文件图标，可以查看通知书附件的详细内容。例如：打开办理登记手续通知书，页面右下方可以看到授权通知书附件，点击右下角 000001. tif 图标，查看附件的详细内容，如图 9 – 13 所示。

**图 9 – 13　办理登记手续通知书**

　　目前，专利局已对部分通知书进行了代码化定义，接收通知书后，电子申请用户可以通过简单的配置，直接利用通知书中的这些信息。例如：办理登记手续通知书中的办理登记缴费截止日期、费用种类、应缴金额等，如下所示：

```
< pay_deadline_date name = "办理登记缴费截止日期" >20121023 </pay_deadline_date >
  < fee_info_all name = "所有费用信息" >
    < fee_info >
      < fee seq = "1" >
        < fee_name name = "费用种类" >登记费 </fee_name >
```

```
            < fee_amount name = "金额" > 250. 0 < /fee_amount >
        < /fee >
        < fee seq = "2" >
            < fee_name name = "费用种类" > 年费 < /fee_name >
            < fee_amount name = "金额" > 360. 0 < /fee_amount >
        < /fee >
        < fee seq = "3" >
            < fee_name name = "费用种类" > 印花费 < /fee_name >
            < fee_amount name = "金额" > 5. 0 < /fee_amount >
        < /fee >
    < /fee_info >
    < fee_paid name = "已缴费用" > 0 < /fee_paid >
    < fee_payable name = "应缴费用" > 615. 0 < /fee_payable >
    < annual_year name = "缴纳年费年度" > 4 < /annual_year >
    < cost_slow_flag name = "减缓标记" > 70% < /cost_slow_flag >
< /fee_info_all >
```

# 第五节　电子申请应急系统

为了确保专利电子申请的正常接收，国家知识产权局开发并上线了电子申请应急接收系统。在正式系统由于维护或其他原因无法正常运行期间，应急接收系统可以正常的接收电子申请文件，并在正式环境恢复后，将接收的申请转移到正式系统中。

电子申请应急系统运行期间，用户提交电子申请文件暂存在服务器中，用户将接收到"电子申请待处理回执"，待专利电子申请系统恢复后，再对提交的文件是否符合接收条件进行审核，符合接收条件的，将转入专利电子申请系统，发出电子申请回执；不符合接收条件的，将被电子申请服务器拒收，并发出拒收回执。常见的拒收原因包括：提交人不具有提交权限、签名所用数字证书不在正常有效期范围内、进入中国国家阶段的国际申请不能重复进入等。电子申请待处理回执如图 9 – 14 所示。

## 电子申请待处理回执

电子申请注册用户提交的专利申请文件已由应急系统暂时接收。经核实，国家知识产权局确认信息如下：

**应急接收案件编号：** 1000000076543

**代理机构内部编号：** A123456

**发明创造名称：** 可折叠鸟笼

**提交人姓名或名称：** 测试用户

**国家知识产权局收到时间：** 2013-05-10 17:22:51

该电子申请目前暂存在服务器，待专利电子申请系统恢复后，将对提交文件是否符合接收条件进行审核，符合接收条件的发出电子申请回执，不符合接收条件的发出电子申请拒收回执。

**国家知识产权局收到文件情况：**
1、发明专利请求书　　XML 格式　文件大小 8k
2、权利要求书　　XML 格式　文件大小 1k
3、说明书　　XML 格式　文件大小 1k
4、说明书附图　XML 格式　文件大小 8k
5、说明书摘要　XML 格式　文件大小 1k
6、摘要附图　　XML 格式　文件大小 29k

**图 9 – 14　电子申请待处理回执**

# 第十章 电子申请在线业务办理

电子申请网站的在线业务仅针对电子申请用户开放，电子申请用户使用用户代码和密码登录网站后，可查询用户信息和提交的电子申请信息、办理电子申请相关的业务。在线业务包括：用户信息维护、下载数字证书、管理数字证书权限、在线查询（包括查询提交案卷情况和查询电子发文情况）、纸件通知书副本在线请求、电子通知书重复下载在线请求、批量纸件申请转电子申请请求和网上缴费等。用户登录及登录后界面如图 10－1、图 10－2 所示。

图 10－1 用户登录

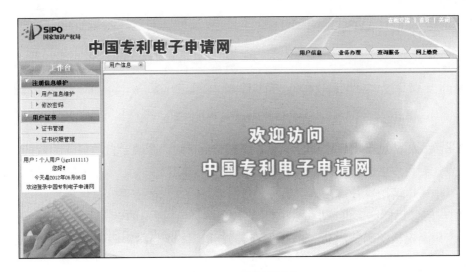

图 10 – 2　登录后界面

## 一、密码找回和密码修改

用户如果丢失登录密码，可以使用密码找回方法获取密码。点击网站首页用户登录区域的【找回密码】，如图 10 – 3（a）所示。

图 10 – 3(a)　密码找回 1

在弹出的界面中正确填写用户类型、用户注册代码、姓名、证件类型、证件号码，点击【找回】按钮，如图 10 – 3（b）所示。

**图 10 -3(b)　密码找回 2**

如果填写的信息与用户注册时填写的信息完全一致，系统会自动将新生成的密码发送到用户注册信息中的电子邮箱中。

电子申请用户获得初始密码后，可以登录网站修改密码。具体操作：点击【用户信息】标签，再点击左侧的【修改密码】，在弹出的界面中输入原密码、新密码及确认密码，然后点击【保存】按钮，完成用户密码修改。操作页面如图 10 -4 所示。

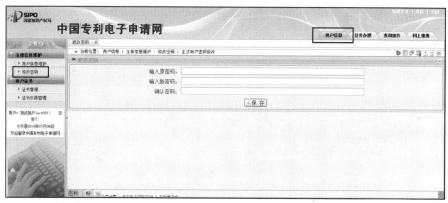

**图 10 -4　密码修改**

## 二、用户注册信息的维护

打开【用户信息】标签，可以看到注册信息维护栏。用户注册信息包含用户姓名或名称、证件类型、证件号码、国籍/居住所在地、地址信息、邮政编码、电子邮件、电话号码、提示方式等项目。

用户的姓名或名称、证件类型、证件号码、国籍或注册国家（地区）等信息有变化时，用户应向专利局提交电子申请用户注册信息变更请求书和有效证明文件请求变更。居住所在地、地址信息、邮政编码、电子邮件、电话号码、提示方式有变化时，用户可以在"用户信息维护"界面中自行修改。涉及找回密码的邮箱信息修改，用户需要向专利局提交电子申请用户注册信息变更请求书和证明文件请求变更。勾选"提示方式"中的"手机短信提示",正确填写手机号,可开通电子发文手机短信提示服务。用户注册信息维护页面如图10-5所示。

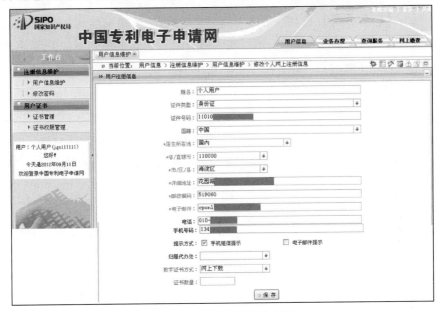

图 10-5 用户注册信息维护

## 三、数字证书管理

点击【用户信息】标签,可以看到用户证书栏。该栏提供了数字证书下载、查询、注销、更新和权限管理的功能,证书管理页面如图10-6所示。

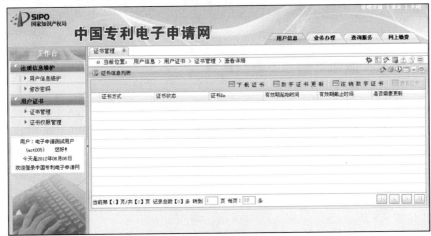

图 10-6 证书管理页面

## 四、电子形式通知书的纸件副本请求

点击【业务办理】标签，可以看到左侧"纸件通知书申请"栏。首先点击左侧的【纸件通知书申请】。然后输入申请号、通知书序列号或发文日等查询条件，点击【查询】按钮，电子形式通知书的纸件副本请求页面如图 10 – 7 所示。

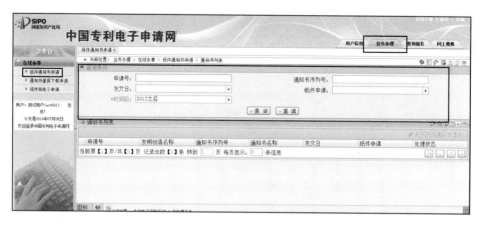

**图 10 – 7    电子通知书纸件副本请求**

符合查询条件的通知书显示在通知书列表中。选定通知书，点击【发送纸件通知书请求】按钮，完成电子通知书纸件副本请求的操作。

专利局收到用户提出的电子通知书纸件副本请求后，以邮寄方式发出相应的电子通知书的纸件副本，其中记载的发文日与电子形式通知书的发文日一致。

## 五、电子通知书重复下载的请求

点击【业务办理】标签，可以看到左侧出现"通知书重复下载申请"栏。电子通知书只能通过客户端下载一次，如果用户需要再次下载电子通知书，需要通过网站提交电子通知书重复下载的请求。具体操作：首先点击【业务办理】标签，点击左侧的【通知书重复下载申请】，然后输入申请号、通知书序列号或发文日等查询条件，点击【查询】按钮。电子通知书重复下载请求页面如图 10 – 8 所示。

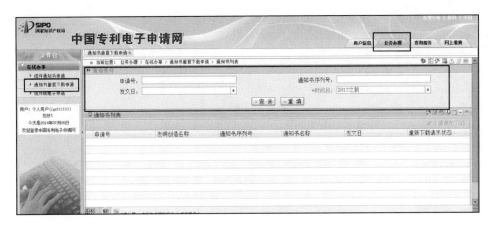

**图 10 - 8　电子通知书重复下载请求**

符合查询条件的通知书显示在通知书列表中。选定通知书，点击【申请重新下载】按钮，完成通知书重复下载请求的操作。

电子通知书重复下载请求经审批合格的，用户可以在客户端下载相应的电子通知书。重新下载的电子通知书发文日与首次下载的电子通知书发文日一致。

## 六、纸件申请转为电子申请

点击【业务办理】标签，可以看到左侧出现"纸件申请转电子申请"栏。该栏是针对代理机构用户开通的批量纸件申请转电子申请的接口，具体内容见本书第十一章。

## 七、电子申请提交文件查询

电子申请用户可以通过网站查询提交的电子申请信息。点击【查询服务】标签，可以看到左侧出现"提交案件情况查询"栏。用户可在其中查询到本用户提交的电子申请案卷的编号、申请号、文件清单、提交时间等详细信息，还可以下载专利局对该电子申请文件进行扫描后生成的图形扫描件。具体操作步骤如下。

第一步：点击【查询服务】标签，再点击左侧的【提交案件情况查询】，如图 10 - 9 所示。

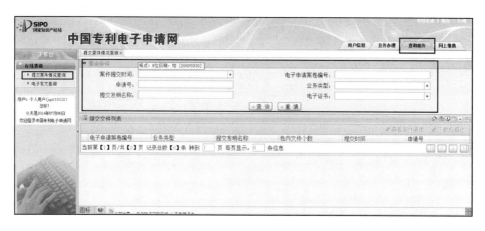

图 10 – 9　提交案件情况查询

第二步：输入申请号、通知书序列号或发文日等查询条件，点击【查询】按钮，可以查询到所提交的电子申请的详细信息。再选中某个电子申请案卷，点击【查看文件清单】，可查询到发明名称、申请号、案卷编号、案卷提交信息、通知书信息等，如图 10 – 10 所示。

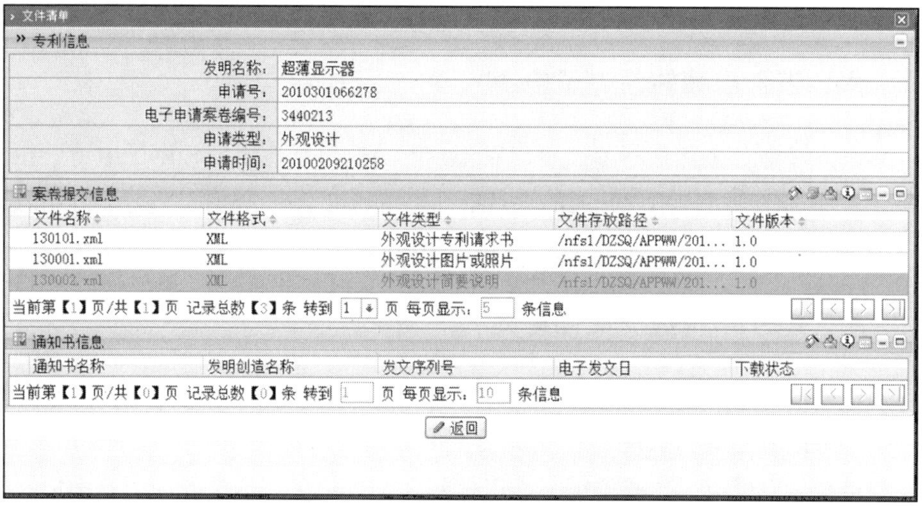

图 10 – 10　查看文件清单

第三步：提交案件情况查询中还提供了申请文件的扫描件下载功能。申请文件的扫描件下载页面如图 10 – 11 所示。

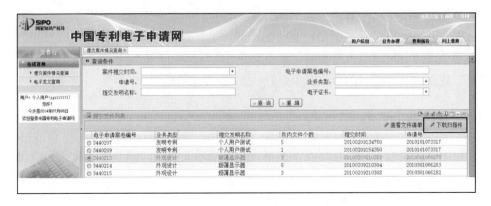

图 10 – 11　申请文件的扫描件下载

## 八、电子申请通知书的查询

电子申请用户可以通过网站查询电子通知书信息。点击【查询服务】标签，可以看到左侧出现"电子发文查询"栏。电子申请用户可在本栏目中查询到专利局针对本用户的电子申请发出的电子通知书的信息，包括申请号、通知书名称、发明创造名称、发文序列号、电子发文日、下载状态等。用户可根据查询结果核对客户端实际接收通知书的情况。

具体操作：首先点击【查询服务】标签，再点击左侧的【电子发文查询】，然后输入起始发文日、结束发文日、发文序列号、申请号或不受理编号等查询条件，点击【查询】按钮。电子通知书查询页面如图 10 – 12 所示。

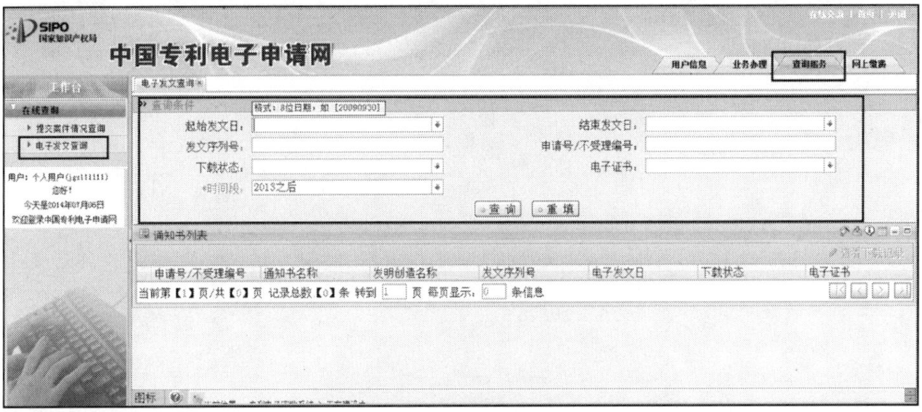

图 10 – 12　电子通知书查询

符合查询条件的通知书显示在通知书列表中。列表中显示申请号、通知书名称、发明名称、发文序列号、电子发文日、下载状态、电子证书等信息。选中某个通知书，再点击【查看下载记录】，查看该电子通知书的下载情况，包括下载证书、下载时间、下载 IP 地址、下载方式等信息。

## 九、网上缴费

用户使用网上缴费功能在线缴纳专利申请相关费用。网上缴费功能目前仅面向电子申请用户开通。电子申请用户填写用户代码和密码登录网站后，点击【网上缴费】标签即可使用网上缴费功能。网上缴费的操作手册可以在网站首页的"帮助文档"栏目中下载。

# 第十一章　纸件申请转电子申请

国家知识产权局第五十七号局令第七条第二款规定："以纸件形式提出专利申请并被受理后，除涉及国家安全或者重大利益需要保密的专利申请外，申请人可以请求将纸件申请转为专利电子申请。"

根据上述规定，纸件申请转为电子申请应当满足下列条件：专利申请的提交方式是纸件申请，不能是保密专利申请，且未提出保密审查请求；请求人应当是电子申请用户，可以是专利申请的代表人或代理机构，应当通过电子形式提出转换请求。

纸件申请转电子申请请求审批合格的，该申请后续手续按照电子申请相关规定办理，电子申请自手续合格通知书发文日起生效。

## 第一节　纸件申请转电子申请请求的提出

提出纸件申请转电子申请请求的方式包括：单件转换和批量转换，其中批量转换的请求方式仅适用于代理机构用户。

未委托代理机构的纸件申请，纸件申请转电子申请请求的提交人应当是专利申请的申请人或者代表人；已委托代理机构的纸件申请，纸件申请转电子申请请求的提交人应当是代理机构。

单件纸件申请转电子申请请求应当通过电子申请客户端提出，操作时纸件申请转电子申请请求书单独构成一个独立请求，不能与其他类型文件在一个案卷包内提交。

已委托代理机构的纸件申请，代理机构可以登录电子申请网站，按照有关规定批量提交纸件申请号单，电子申请系统验证电子申请用户代码和纸件申请委托的代理机构代码是否一致，验证一致可以通过系统正常提交。

# 第二节　纸件申请转电子申请操作流程

## 一、单件纸件申请转电子申请请求的编辑与提交

纸件申请转电子申请作为一个独立的手续，用户应通过电子申请客户端单独编辑并提交纸件申请转电子申请请求书，操作步骤如下。

第一步：在电子申请客户端界面点击【主动提交】，如图 11 - 1（a）所示。

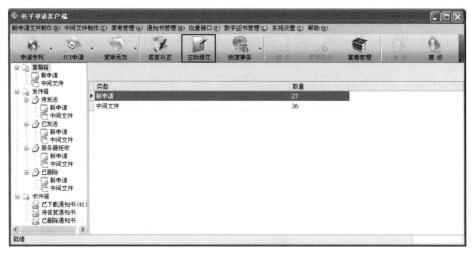

图 11 -1(a)　　单件纸件申请转电子申请1

第二步：在编辑器中点击【新建】，在弹出的对话框中输入纸件申请的类型、申请号和发明名称，如图 11 - 1（b）所示。

第三步：在申请信息列表中选中新建条目，点击左下方【增加】，在弹出的对话框中选择纸件转电子申请请求书，编辑并提交，如图 11 - 1（c）所示。

**图 11 –1(b)　单件纸件申请转电子申请 2**

**图 11 –1(c)　单件纸件申请转电子申请 3**

提出单件纸件申请转电子申请请求的，审批合格后同时发出纸件形式和电子形式的手续合格通知书。

## 二、批量纸件申请转电子申请请求的编辑与提交

批量纸件申请转电子申请请求的提交通过电子申请网站实现，此功能目前仅对代理机构用户开通。操作步骤如下。

第一步：将需要转为电子申请的纸件申请号，保存在 Excel 表格中，如图 11-2（a）所示。

**图 11-2(a)　批量纸件申请转电子申请 1**

🔖 **小秘书**：

编辑申请号时应注意：

①Excel 的版本应为 Microsoft Office Excel 2003，后缀名为 .xls，目前暂不支持其他版本。

②申请号应顺序输入至 Sheet1 中的 A 列，并将 A 列的单元格格式设置为"文本"，如图 11-2（b）所示。

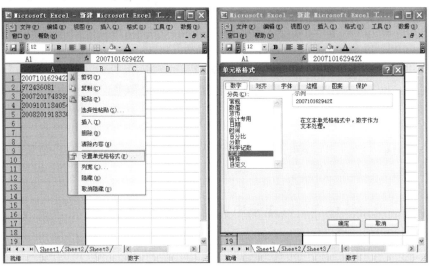

**图 11-2(b)　批量纸件申请转电子申请 2**

③申请号不应输入校验位前的"．"。如："200710162942. X"应输入"200710162942X"。

④申请号最后一位校验位是"X"的，"X"应大写。

第二步：准备好 Excel 文档后，代理机构应登录电子申请网站，在［业务办理］栏中选择左侧"纸件申请转电子申请"，点击【批量导入】，上传 Excel 文件，点击【导入】，完成申请号上传操作，如图 11 – 2（c）所示。

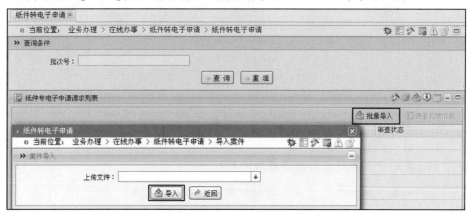

**图 11 –2(c)　批量纸件申请转电子申请 3**

第三步：在纸件申请转电子申请请求列表中，选中一条记录，点击右上方【查看反馈信息】，可以实时查询处理结果，如图 11 – 2（d）所示。

**图 11 –2(d)　批量纸件申请转电子申请 4**

第四步：批量提出纸件申请转电子申请请求的，审批合格后发出纸件形式的纸件申请批量转电子申请审批通知书。

# 附录　电子申请常见问题

## 一、电子申请用户注册及数字证书

❓ **1. 邮寄注册审批一般需要多长时间？**

答：邮寄注册需要将纸件注册材料邮寄到专利局，审批完成后专利局会将注册审批通知书和一份注册协议邮寄给注册请求人。不计算邮路的时间，邮寄注册审批一般需要二至三个工作日。

❓ **2. 如何进行注册用户信息的变更？**

答：注册用户的密码、详细地址、邮政编码、电话、手机号码、电子邮箱、接收提示信息方式等信息发生变更的，注册用户应当登录网站在线进行变更。

注册用户的姓名或者名称、类型、证件号码、国籍或注册国家（地区）、经常居所地或营业所所在地等信息发生变更的，注册用户应当向专利局提交电子申请用户注册信息变更请求书及相应证明文件，办理变更手续。此外，涉及密码找回的电子邮箱信息发生变更的，也应当提交文件请求变更。

❓ **3. 网上注册忘记了临时用户代码如何查询？**

答：个人用户的临时用户代码一般是 LS + 身份证号码。单位用户，可拨打电子申请咨询热线电话 010 – 62088050 进行咨询。

**4. 如何注销电子申请用户?**

答:注册用户可以向专利局提交电子申请用户注册信息变更请求书和相关证明材料,请求注销已经注册的用户。电子申请注册用户的所有电子申请全部失效或转让变更合格方可请求注销电子申请用户。

**5. 用户如何获取数字证书?**

答:登录专利电子申请网站,点击【用户证书】栏目中的【证书管理】,点击【下载证书】,按照提示下载证书即可。

USB – KEY 数字证书需要到专利局受理处及专利局各代办处当面申领。

**6. 用户数字证书如何备份?**

答:用户数字证书的备份可利用 IE 浏览器中证书的导出功能实现,USB – KEY 数字证书固化在硬件介质中,无法进行导出和备份,用户应当妥善保存。

**7. 如何获知证书已经下载成功?**

答:打开 IE 浏览器,在【工具】栏中点击【Internet 选项】,在弹出的窗口里面选择【内容】,然后选择【证书】,查看是否含有专利局签发的证书,证书默认存放在【个人】证书目录下。

**8. 电脑重装系统导致数字证书不慎丢失,如何重新获得数字证书?**

答:首先在电子申请网站注销丢失的数字证书,随后应当提交电子申请用户注册事务意见陈述书和相关证明文件,邮寄到专利局受理处要求重新签发数字证书。重新签发请求经审查合格后,用户可以在电子申请网站上重新下载新数字证书,并通过网站自行修改已提交电子申请对应的数字证书权限。

**9. 数字证书重新签发后需要注意什么?**

答:用户应当下载新证书,并将新证书及时导出做好备份,登录电子申请网站,在【证书权限管理】栏目中选择【批量修改证书权限】,将所有申请的提交和查询权限对应到新证书上。

**❓ 10. 如何在多台电脑上共同使用数字证书?**

答:网上下载的数字证书文件可以通过 IE 浏览器导出后再导入到其他电脑上使用。

**❓ 11. 数字证书如何进行更新?**

答:数字证书自签发之日起有效期为三年,数字证书的有效期和状态可以在网站上查询。如果数字证书超过有效期,数字证书将不能使用,用户应当在有效期前一个月在网站上更新数字证书。数字证书更新后,以更新日为起点,有效期延长三年。

**❓ 12. 如何设置用户数字证书的密码?**

答:用户在下载证书的时候,会弹出安装数字证书的提示框,默认的安全级别为中级,此时点击【设置安全级别】,选择"高",点击【下一步】,输入密码,点击【确定】,即可设置数字证书的密码。

**❓ 13. 用户下载数字证书的时候没有设置密码,如何重新设置密码?**

答:用户需要先从 IE 浏览器中导出数字证书,再将证书重新导入到 IE 浏览器中。导入时在根据页面上的提示,勾选"启用强私钥保护"和"标志此密钥是可导出的"选项,点击【设置安全级别】,选择"高",点击【下一步】,输入密码,点击【确定】,即可重新设置数字证书的密码。设置密码后,在每次使用客户端进行数字签名时,系统均会要求用户输入密码。

**❓ 14. 数字证书可以重复下载吗?**

答:数字证书不可以重复下载,用户下载证书后应备份并妥善保存。

**❓ 15. 在客户端系统中无法看到已下载成功的数字证书,这是什么原因?**

答:电子申请系统目前开通了正式环境和测试环境,如果使用的是正式环境下的数字证书,应当在客户端"系统设置"的选项中选择"生产环境";反之,如果使用的是测试环境下的数字证书,则应当在客户端"系统设置"的

"选项"中选择"测试环境"。

**16. 导出的数字证书导入其他电脑后，客户端无法看到该证书，是什么问题？**

答：数字证书导出备份时，需要同步导出私钥，在"证书导出向导"操作时，勾选"是，导出私钥"，这样导出来的证书是完整的，导出的证书的后缀名应为 pfx，而不是 cer，否则不完整的数字证书在客户端中无法看到。

## 二、客户端操作和文件编辑常见问题

**1. 电子申请客户端系统如何下载？为什么点击下载后没有反应？**

答：可以在电子申请网站首页的【工具下载】栏目中下载客户端安装程序，如果点击下载没有反应，可能是被 IE 浏览器自动屏蔽了，用户应当解除屏蔽后重试。

**2. 同一电子申请案卷包的申请文件，能否同时包含 WORD 或者 PDF 格式的文件？**

答：对于同一案卷包中的申请文件，以导入 WORD 或者 PDF 格式文件的方式编辑申请文件时，只能选择其中一种文件格式进行编辑和提交，即同一个案卷中不能同时包含 WORD 或者 PDF 格式的申请文件。

**3. 采用 PDF 或 WORD 格式提交的电子申请的说明书，是否需要标注段落编号？**

答：对于采用 PDF 或 WORD 格式提交的电子申请文件，专利局首先将 PDF 或 WORD 格式文件转换成 TIFF 格式的图形文件后，通过 OCR 技术进行代码化加工转换成 XML 格式代码文件。因此，以 PDF 或 WORD 格式提交的说明书，不需要在说明书中添加任何形式的段落编号。

**4. 请求书中"文件清单"内容如何填写？**

答：电子申请用户提交新申请时，必须填写请求书中"文件清单"栏目的内容。应使用客户端编辑器中的"文件清单导入"功能。当申请文件全部编辑保存完成后，打开请求书，点击编辑器上方的工具栏中【表格向导功能键】，选择"导入文件清单"，系统会将自动生成并保存的文件类型及页数等信息自动加载到请求书中的"文件清单"部分。对于说明书摘要、摘要附图、权利要求书、说明书、说明书附图和说明书核苷酸或氨基酸序列表使用 WORD 或 PDF 格式提交的，系统导入上述文件的页数显为"0"页，申请人不必对页数进行修改，但是，当导入的权利要求项数显示为"0"项时，应当按照实际项数进行手工修改。当电子申请用户提交了已经在专利局备案的总委托书时，需要在导入文件清单后，在清单最后填写总委托书的备案号。

**❓ 5. 当使用 XML 编辑器编辑权利要求书时，如何添加权利要求的权项号？**

答：使用 XML 编辑器编辑权利要求书时，不需要编辑权利要求的权项号，只要保证每项权利要求都是以句号结尾即可，内容编辑完成后单击编辑器上方的工具栏中第一个图标，系统会启动权项自动识别功能，实现为每项权利要求自动添加权项号。

**❓ 6. 使用电子申请客户端签名时证书一栏是空白的，该如何处理？**

答：首先，电子申请用户应确认是否已经在电子申请网站上成功下载了数字证书。如果成功下载数字证书后，签名证书一栏仍是空白的，请在电子申请客户端系统设置中选择【选项】，确认证书目录里选择的是生产环境，数字证书将会显示在客户端【证书管理】列表中。

**❓ 7. 签名时提示："案卷中的文件清单不能为空，请更正后再签名发送；案卷中的文件清单加载个数和实际文件个数不一致，请更正后再签名发送"，该如何操作？**

答：将所有文件保存之后，打开请求书编辑页面，点击页面上方的【表格向导功能键】，选择"导入文件清单"，之后再保存请求书后尝试重新签名发送。

**❓ 8. 签名时提示："该案卷的用户注册代码和证书代码不一致或注册用户不是代表人，请更正后再签名发送"，问题出在哪？该如何操作？**

答：根据提示可能有两种情况：一是文件签名栏中内容与您使用的签名

证书不一致，无法签名通过，请您检查文件签名栏中的内容与签名证书是否正确；二是确认提交申请中的代表人是否是注册用户且与数字证书一致。

**9. 对于已经提交的电子申请文件，如何进行备份和管理？**

答：可以使用客户端系统案件管理功能将案件、文件或通知书导出后备份，也可使用系统设置菜单中的"数据备份"和"数据还原"功能实现备份。

**10. 申请或答复补正通知书时，涉及单一性缺陷的审查意见通知书或者分案通知书如何提交？**

答：上述文件可以使用"其他文件"的模板进行编辑提交。

**11. 电子申请的请求书内容如何补正？**

答：电子申请的请求书内容需要补正的，申请人可以仅针对缺陷部分提交补正书或者陈述意见书，无需提交请求书替换页。

**12. 在使用 XML 编辑器时，添加图片不成功的原因是什么？**

答：电子申请客户端中插入图片格式应为 JPG 或者 TIFF，对于外观设计申请的图片大小应当不超过 150mm × 220mm，其他图片大小应当不超过 165mm × 245mm，图片或照片分辨率应当在 72 DPI～300 DPI 范围内。如果图片添加不成功请检查其是否不符合上述要求。

**13. 使用电子申请客户端的时候编辑器出现空白界面或者客户端不响应，该如何处理？**

答：由于客户端频繁的调用 word 进程，可能出现 word 程序不响应的情况，可退出客户端，进入任务管理器（Alt + Ctrl + Delete），结束"Winword"进程后重新打开客户端进行编辑。

**14. 电子申请客户端答复补正界面，通知书答复过一次后再次补充答复该如何操作？**

答：客户端编辑器答复补正界面的"未答复"和"已答复"通知书列表对应的是一个选项按钮，需要通过重复点击此按钮在"未答复"状态和"已答复"状态的通知书列表间切换。

**15. 在电子申请请求书中，什么是申请人的用户代码？是否为必填项目？**

答：用户代码是指申请人的电子申请用户注册代码。未委托代理机构的，电子申请的申请人或者申请人之一应当是有效的电子申请注册用户，并应当在请求书中填写作为提交电子申请的申请人用户代码，其他不作为电子申请提交人的申请人，即使是电子申请注册用户，可以不填写用户代码。已委托代理机构的，可以不填写申请人的用户代码。

## 三、文件提交与通知书接收常见问题

**1. 使用电子申请客户端成功提交申请后，没有收到电子回执如何处理？**

答：如果成功提交电子申请后，没有收到电子回执，用户可以点击客户端的【接收】按钮，点击【获取列表】下载电子回执。

**2. 申请人是否需要提交电子申请的原案申请的申请文件副本？**

答：对于以电子申请方式提交的分案申请，申请人一般不需要提交原案申请的申请文件副本或者原申请的国际公布文本副本。

**3. 新申请同时提出请求费用减缓的，是否需要提交相关证明原件的电子扫描件？**

答：申请人在提出电子申请新申请同时请求费用减缓并按规定需要提交有关证明文件的，应当同时提交证明文件原件的电子扫描件。

**4. 电子申请的证明类文件是否能够提交证明文件的纸件原件，目前是如何规定的？**

答：国家知识产权局五十七号局令第八条第一款规定，申请人办理专利电子申请的各种手续的，对专利法及其实施细则或者专利审查指南中规定的应当以原件形式提交的相关文件，申请人可以提交原件的电子扫描文件，也可以提交证明文件的纸件原件。

**5. 使用电子申请客户端提交专利电子申请的时候有时会非常缓慢，如何处理？**

答：对于电子申请用户，应保证客户端网络连通和带宽充足，并选择合适的网络线路，另外建议用户上传尽量错开提交高峰时间，提交高峰为工作日下午16：00～18：00时。

**6. 如何获取带有专利局业务章的实用新型检索报告和专利权评价报告？**

答：实用新型检索报告请求和专利权评价报告请求通过电子形式提出的，专利局默认发出纸件形式的带有专利局业务章的实用新型检索报告和专利权评价报告。

**7. 优先权在线申请文件副本单张图片插入编辑非常麻烦，有好的解决办法吗？**

答：优先权文件可以电子扫描后制作成 PDF 文件导入，也可以直接将纸件原件提交至专利局受理处。

**8. 可以代他人提交电子申请吗？**

答：对于未委托代理机构的情况，电子申请的提交人必须是电子申请注册用户，且为该专利申请的申请人之一并作为该申请的代表人。申请文件的签名、发送以及通知书的接收均需使用该提交人的数字证书。

## 四、纸件申请转电子申请常见问题

**1. 纸件申请可以转为电子申请应当符合的条件是什么？**

答：必须同时满足以下两个条件：

①申请是纸件申请。

②申请不应当是保密申请，这里所说的保密申请既包括经审查确定的保密

申请，也包括提出保密申请尚未完成保密审查的及发明或实用新型处于保密挑选阶段的专利申请。

**2. 对提交纸件申请转电子申请的请求人的要求？**

答：未委托代理机构的纸件申请，纸件申请转电子申请请求的提交人应当是专利申请的申请人或者代表人；已委托代理机构的纸件申请，纸件申请转电子申请请求的提交人应当是代理机构。

**3. 提交纸件转电子申请请求书，需要注意什么？**

答：纸件转电子申请请求书单独构成一个独立请求，不能够与其他类型文件在一个案卷包内提交。

**4. 如何提交批量的纸件申请转电子申请请求？**

答：代理机构登录电子申请网站，然后在【业务办理】标签中选择"纸件转电子申请"，然后点击【批量导入】按钮，在弹出的对话框中点击【导入】按钮，然后选择记载了待转换的纸件申请号单的 Excel 表格文件进行即可。

**5. 办理纸件申请转电子申请同时涉及代理机构变更，该如何办理？**

答：下面两种方式可根据需要任选一种：

①先由变更前的代理机构办理纸件申请转电子申请手续，合格之后再以电子形式提交著录项目变更请求。

②先以纸件形式提交著录项目变更请求，再由变更后的代理机构办理纸件申请转电子申请手续。

## 五、电子申请网站服务常见问题

**1. 电子申请网站上【通知书验签】栏目的作用是什么？**

答：通知书验签的作用是对电子通知书压缩包进行验签，验证电子通知书的真实性。

**? 2. 电子申请网站【用户信息】中的"提示方式"有什么作用? 应当如何设置?**

答: 为了方便电子申请用户了解电子发文情况, 专利局现已开通电子发文的手机短信提示服务, 用户可以随时在电子申请网站用户信息的"提示方式"中增加或取消"短信提示"的选项。

**? 3. 提交后的文件可否到专利局的网站上查询?**

答: 可以登录电子申请网站, 在"提交案卷情况查询"中下载扫描件进行查看, 或登录中国专利查询系统进行查看。

**? 4. 是否只有电子申请用户才能网上缴费?**

答: 目前网上缴费功能只针对电子申请用户开通, 需要网上缴费的, 需先注册成为电子申请用户, 所有的专利申请均可以通过网上缴纳。

**? 5. 如何查询专利申请是电子申请还是纸件申请?**

答: 用户可以访问中国专利查询系统的【公众查询】入口进行查询。